환경공학개론

기출문제 정복하기

9급 공무원 환경공학개론
기출문제 정복하기

개정2판 발행 2024년 01월 26일
개정3판 발행 2025년 01월 15일

편 저 자 | 공무원시험연구소
발 행 처 | ㈜서원각
등록번호 | 1999-1A-107호
주 소 | 경기도 고양시 일산서구 덕산로 88-45(가좌동)
교재주문 | 031-923-2051
팩 스 | 031-923-3815
교재문의 | 카카오톡 플러스 친구[서원각]
홈페이지 | goseowon.com

PREFACE

이 책의 머리말

모든 시험에 앞서 가장 중요한 것은 출제되었던 문제를 풀어봄으로써 그 시험의 유형 및 출제경향, 난도 등을 파악하는 데에 있다. 즉, 최단시간 내 최대의 학습효과를 거두기 위해서는 기출문제의 분석이 무엇보다도 중요하다는 것이다.

'9급 공무원 기출문제 정복하기 – 환경공학개론'은 이를 주지하고 그동안 시행되어 온 지방직 및 서울시 기출문제를 연도별로 깔끔하게 정리하여 담고, 문제마다 상세한 해설과 함께 관련 이론을 수록한 군더더기 없는 구성으로 기출문제집 본연의 의미를 살리고자 하였다.

환경직 공무원 시험의 경쟁률이 해마다 점점 더 치열해지고 있다. 이럴 때일수록 기본적인 내용에 대한 탄탄한 학습이 빛을 발한다. 수험생은 본서를 통해 변화하는 출제경향을 파악하고 학습의 방향을 잡아 효율적으로 학습할 수 있을 것이다.

1%의 행운을 잡기 위한 99%의 노력!
본서가 수험생 여러분의 행운이 되어 합격을 향한 노력에 힘을 보탤 수 있기를 바란다.

STRUCTURE

이 책의 특징 및 구성

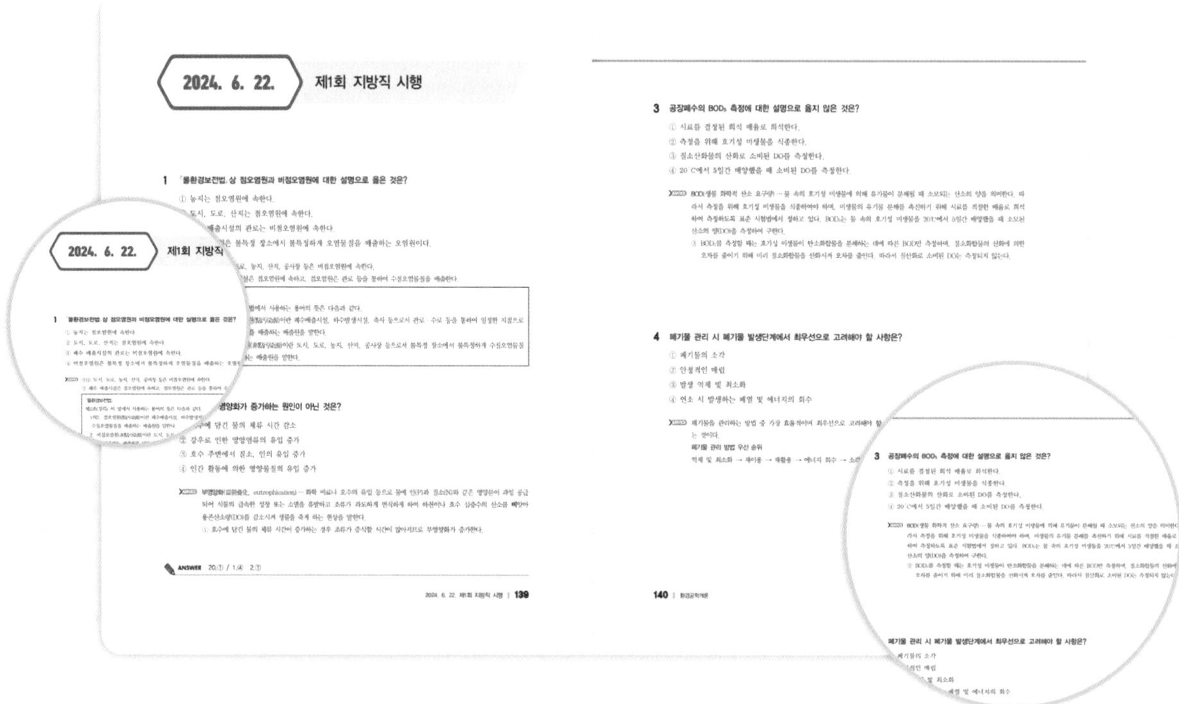

최신 기출문제분석

최신의 최다 기출문제를 수록하여 기출 동향을 파악하고, 학습한 이론을 정리할 수 있습니다. 기출문제들을 반복하여 풀어봄으로써 이전 학습에서 확실하게 깨닫지 못했던 세세한 부분까지 철저하게 파악, 대비하여 실전대비 최종 마무리를 완성하고, 스스로의 학습상태를 점검할 수 있습니다.

상세한 해설

상세한 해설을 통해 한 문제 한 문제에 대한 완전학습을 가능하도록 하였습니다. 정답을 맞힌 문제라도 꼼꼼한 해설을 통해 다시 한 번 내용을 확인할 수 있습니다. 틀린 문제를 체크하여 내가 취약한 부분을 파악할 수 있습니다.

CONTENT
이 책의 차례

환경공학개론

기출문제 정복하기

환경공학개론

2015. 6. 27. 제1회 지방직 시행

1 최근 수자원 확보를 위하여 적용되는 해수의 담수화 방법이 아닌 것은?

① 증발압축법 ② 역삼투법
③ 오존산화법 ④ 전기투석법

ADVICE 해수 담수화 방법
㉠ 증발압축법
㉡ 전기투석법
㉢ 역삼투법
㉣ 냉동법
㉤ 태양열 이용법

2 폐수처리 방법 중 생물학적 처리방법이 아닌 것은?

① 산화지법 ② 회전원판법
③ 활성탄 흡착법 ④ 살수여상법

ADVICE 폐수의 생물학적 처리방법
㉠ 호기성 처리 : 활성슬러지법, 살수여상법, 회전원판법, 산화지법 등
㉡ 혐기성 처리 : 혐기성소화법, 정화조법 등

3 다음 기체 중 지구온난화를 유발하는 것과 거리가 먼 것은?

① CH_4 ② H_2S

③ N_2O ④ SF_6

ADVICE 지구온난화를 일으키는 가장 큰 원인은 지구온실효과를 들 수 있으며, 지구온실효과란 지표대류권에 있는 대기온실가스가 태양으로부터 들어온 에너지를 지구대기 밖으로 효과적으로 내보내지 못하고 그 일부를 지구의 대기 내에 가두어 둠으로써 지구의 온도가 상승하는 현상을 말한다.

이렇게 가두어진 에너지는 대기 중에 머물면서 지구의 온도를 상승시키는 가장 큰 원인이 되고 있다. 이러한 온실가스를 배출하는 주요 원인으로는 이산화탄소(CO_2), 음식물쓰레기 부패 등 유기물 분해시 발생하는 메탄(CH_4), 석탄, 질소비료, 폐기물 소각시 발생하는 아산화질소(N_2O), 냉장고 등 냉매에 의해 발생하는 수소플루오린화탄소(HFCs), 세정제의 사용으로 인하여 유발되는 과불화탄소(PFCs), 절연체에 의해 유발되는 육플루오린화황(SF_6) 등을 들 수 있다.

4 가스연료의 하나인 메탄가스(CH_4) 1몰이 완전히 연소될 때 필요한 산소의 양은?

① 12g ② 16g

③ 32g ④ 64g

ADVICE 완전연소를 시키는 것이므로 최종산물은 이산화탄소와 물이 된다.

화학식으로 표현하면

$CH_4 + O_2 \rightarrow CO_2 + H_2O$

계수비를 맞추면

$CH_4 + 2O_2 \rightarrow CO_2 + 2H_2O$

메탄과 이산화탄소의 몰수비는 1 : 1

$C = 12, \ H = 1, O = 16$이므로

$CH_4 = 12 + 1 \times 4 = 16$

$2O_2 = 2 \times (16 \times 2) = 64$

ANSWER 1.③ 2.③ 3.② 4.④

5 **복사역전에 대한 설명으로 옳지 않은 것은?**

① 고기압 중심부근에서 대기하층의 공기가 발산하고 넓은 지역에 걸쳐 상층의 공기가 서서히 하강하여 나타난다.

② 일몰 후 지표면의 냉각이 빠르게 일어나 지표부근의 온도가 낮아져 발생한다.

③ 복사역전이 형성되면 안개형성이 촉진되며, 이를 접지역전이라고도 부른다.

④ 복사역전은 아침 햇빛이 지면을 가열하면서 사라지기 시작한다.

ADVICE 고기압 중심부근에서 일어나는 역전은 침강역전에 해당한다. 침강역전은 고기압에서는 기류가 하강하는 모습을 보이기 때문에 상층의 공기가 하강하게 되면 단열압축에 의해 기온의 상승이 나타난다. 이때 하강하는 공기의 온도가 하층의 공기의 온도보다 높아지는 경우가 생기는데 이때 이 두 공기층의 경계 부근에 생기는 층을 침강역전층이라 한다.

6 **「폐기물 관리법 시행령」상 지정폐기물에 대한 설명으로 옳지 않은 것은?**

① 폐유 : 기름성분을 5% 이상 함유한 것을 포함하며, 폴리클로리네이티드비페닐(PCBs) 함유 폐기물 및 폐식용유와 그 잔재물, 폐흡착제 및 폐흡수제는 제외한다.

② 폐산 : 액체상태의 폐기물로서 수소이온 농도지수가 2.0 이하인 것에 한정한다.

③ 폐알칼리 : 액체상태의 폐기물로서 수소이온 농도지수가 12.5 이상인 것으로 한정하며, 수산화칼륨 및 수산화나트륨을 포함한다.

④ 오니류 : 수분함량이 85% 미만이거나 고형물 함량이 15% 이상인 것으로 한정한다.

ADVICE 오니류 … 수분함량이 95% 미만이거나 고형물 함량이 5% 이상인 것으로 한정한다.

㉠ 폐수처리 오니 : 환경부령으로 정하는 물질을 함유한 것으로 환경부장관이 고시한 시설에서 발생되는 것으로 한정

㉡ 공정 오니 : 환경부령으로 정하는 물질을 함유한 것으로 환경부장관이 고시한 시설에서 발생되는 것으로 한정

7 퇴비화 과정이 안정적으로 진행된 부식토(humus)의 특징으로 옳지 않은 것은?

① 악취가 없는 안정한 물질이다.

② 병원균이 존재하므로 반드시 살균 후 사용한다.

③ 수분보유력과 양이온 교환능력이 좋다.

④ C/N 비율이 낮다.

ADVICE 호기성 상태의 발효기 내에서 투입된 미생물발효제에 의해 유기물질이 안정된 부식토로 전환이 되면 병원균은 지속적인 발효열에 의해 사멸되고 최종적으로 흙냄새가 나는 짙은 갈색의 퇴비가 된다.

8 토양오염이 식물에 미치는 영향에 대한 설명으로 옳지 않은 것은?

① 염분농도가 높은 토양의 경우 삼투압에 의해서 식물의 성장이 저해되는데, 기온이 높거나 토양층의 온도가 낮거나 비가 적게 오는 경우 그 영향이 감소된다.

② 인분뇨를 농업에 사용하면 인분 중 Na^{+}이 토양 내 Ca^{2+} 및 Mg^{2+}과 치환되며, 또한 Na^{+}은 산성비에 포함된 H^{+}에 의해서 다시 치환되어 토양이 산성화되므로 식물의 생육을 저해한다.

③ Cu^{2+}나 Zn^{2+} 등이 토양에 지나치게 많으면 식물세포의 물질대사를 저해하여 식물세포가 죽게 된다.

④ 농업용수 내 Na^{+}의 양이 Ca^{2+}과 Mg^{2+}의 양과 비교하여 과다할 때에는 Na^{+}이 토양 중의 Ca^{2+} 및 Mg^{2+}과 치환되어 배수가 불량한 토양이 되므로 식물의 성장이 방해받는다.

ADVICE ① 기온이 낮고 토양층의 온도가 높거나 비가 많이 오는 경우 영향이 감소한다.

뿌리에서 양분인 무기원소의 흡수는 삼투작용으로 언제든지 염의 농도가 식물 내의 것보다 낮아야 삼투작용에 의하여 토양에 있는 양분의 흡수가 가능하게 된다. 토양에서 염의 농도가 높으면 삼투작용이 거꾸로 발생하여 식물 내의 수분이 토양 쪽으로 나와 식물은 원형질 분리로 말라죽는 영구위조가 발생하게 된다. 식물이 생장을 하려면 토양의 염도는 식물의 염의 농도보다 낮아야 양분인 필수원소의 흡수가 가능하게 된다.

ANSWER 5.① 6.④ 7.② 8.①

9 LD_{50}에 대한 설명으로 옳지 않은 것은?

① 일정 조건하에서 실험동물에 독성물질을 직접 경구투여 할 경우 실험동물의 50%가 치사할 때의 용량이다.
② 독성물질을 다양한 용량에 걸쳐 실험동물에 노출시켜 얻은 측정치를 통계적으로 유의성 검증을 거쳐 얻은 결과이다.
③ LD_{50}에 영향을 주는 인자에는 종에 관련된 인자, 건강에 관련된 인자, 그리고 온도에 의한 인자 등이 있다.
④ 측정단위는 mg/L 또는 mL/m^3을 사용한다.

ADVICE LD_{50}은 실험한 동물의 체중당 실험한 약물의 양을 나타내므로 mg/kg으로 나타낸다.

10 상수도 수원지용 저수지의 수질을 분석한 결과 Ca^{2+} 40mg/L, Mg^{2+} 12mg/L로 각각 나타났다. 이 두 가지 원소에 의한 저수지 물의 경도[mg/L as $CaCO_3$]는? (단, 원자량은 Ca=40, Mg=24이다)

① 50
② 100
③ 150
④ 200

ADVICE $Ca^{2+}=40$, $Mg^{2+}=12$

$Ca=40$, $Mg=24$

Ca의 당량$=\frac{40}{2}=20$, Mg의 당량$=\frac{24}{2}=12$

$CaCO_3$의 분자량은 100, 1그램당량은 50이므로

$$\left(\frac{40\times50}{20}\right)+\left(\frac{12\times50}{12}\right)=100+50=150CaCO_3mg/L$$

11 「공동주택 층간소음의 범위와 기준에 관한 규칙」상 직접충격 소음의 1분간 등가소음도(Leq)는? (단, 이 공동주택은 2005년 7월 1일 이후에 건축되었으며 층간소음의 기준단위는 dB(A)이다) [기출변형]

① 주간 39, 야간 38
② 주간 39, 야간 34
③ 주간 40, 야간 35
④ 주간 45, 야간 40

ADVICE 층간소음의 기준

층간소음의 구분		층간소음의 기준[단위 : dB(A)]	
		주간(06:00~22:00)	야간(22:00~06:00)
직접충격 소음	1분간 등가소음도(Leq)	39	34
	최고소음도(Lmax)	57	52
공기전달 소음	5분간 등가소음도(Leq)	45	40

㉠ 직접충격 소음은 1분간 등가소음도(Leq) 및 최고소음도(Lmax)로 평가하고, 공기전달 소음은 5분간 등가소음도(Leq)로 평가한다.
㉡ 위 표의 기준에도 불구하고 「공동주택관리법」 제2조 제1항 제1호 가목에 따른 공동주택으로서 「건축법」 제11조에 따라 건축허가를 받은 공동주택과 2005년 6월 30일 이전에 「주택법」 제15조에 따라 사업승인을 받은 공동주택의 직접충격 소음 기준에 대해서는 2024년 12월 31일까지는 위 표 제1호에 따른 기준에 5dB(A)을 더한 값을 적용하고, 2025년 1월 1일부터는 2dB(A)을 더한 값을 적용한다.
㉢ 층간소음의 측정방법은 「환경분야 시험 · 검사 등에 관한 법률」 제6조 제1항 제2호에 따른 소음 · 진동 분야의 공정시험기준에 따른다.
㉣ 1분간 등가소음도(Leq) 및 5분간 등가소음도(Leq)는 측정한 값 중 가장 높은 값으로 한다.
㉤ 최고소음도(Lmax)는 1시간에 3회 이상 초과할 경우 그 기준을 초과한 것으로 본다.

12 오염토양복원기술 중 물리화학적 복원기술이 아닌 것은?

① 퇴비화법
② 토양증기추출법
③ 토양세척법
④ 고형화 및 안정화법

ADVICE 물리화학적 복원기술

㉠ 고형화 및 안정화법
㉡ 토양세척법
㉢ 토양세정법
㉣ 토양증기추출법
㉤ 화학적산화환원법
㉥ 동전기법
㉦ 객토 및 토양중화법

ANSWER 9.④ 10.③ 11.② 12.①

13 전자제품 폐기물 야적장에서 중금속인 납이 지하수 대수층으로 60g/day로 스며들고 있다. 야적장 아래 지하수의 평균속도는 0.5m/day이고, 지하수 흐름에 수직인 대수층 단면적이 $30m^2$일 때, 지하수 내 납 농도는? (단, 납은 토양에 흡착되지 않으며 대수층 단면으로 균일하게 유입된다고 가정한다)

① 3mg/L　　② 4mg/L
③ 5mg/L　　④ 6mg/L

ADVICE 지하수량 $= 30m^2 \times 0.5m/day = 15m^3/day = 15,000L/day$

납의 양 $= 60g/day = 60,000mg/day$

지하수 내 납의 농도를 구하면

$$\frac{\text{납의 양}}{\text{지하수의 양}} = \frac{60,000}{15,000} = 4mg/L$$

14 소음방지 대책 중 소음원 대책이 아닌 것은?

① 밀폐　　② 파동감쇠
③ 차음벽　　④ 흡음닥트

ADVICE 소음원 대책

㉠ 소음원의 제거 또는 밀폐
㉡ 기계장비의 적절한 선택 – 흡음닥트
㉢ 소음원의 위치선정 및 시간계획 – 파동감쇠

15 유해물질을 정의하는 특성이 아닌 것은?

① 반응성　　② 인화성
③ 부식성　　④ 생물학적 난분해성

ADVICE 유해물질의 정의 … 환경과 식품에 오염되어 인간의 건강에 직접적으로 악영향을 미치는 모든 물질을 말한다.

※ 유해물질의 특성
㉠ 인화성
㉡ 부식성
㉢ 반응성
㉣ 유해성

16 폐기물관리에서 우선적으로 고려할 사항이 아닌 것은?

① 폐기물 발생의 억제 및 감량화

② 분리수거된 폐기물의 재활용 및 자원화

③ 소각처리시 폐열회수 및 에너지회수

④ 폐기물의 위생적 매립

ADVICE 폐기물 관리의 기본원칙

㉠ 사업자는 제품의 생산방식 등을 개선하여 폐기물의 발생을 최대한 억제하고, 발생한 폐기물을 스스로 재활용함으로써 폐기물의 배출을 최소화하여야 한다.

㉡ 누구든지 폐기물을 배출하는 경우에는 주변 환경이나 주민의 건강에 위해를 끼치지 아니하도록 사전에 적절한 조치를 하여야 한다.

㉢ 폐기물은 그 처리과정에서 양과 유해성(有害性)을 줄이도록 하는 등 환경보전과 국민건강보호에 적합하게 처리되어야 한다.

㉣ 폐기물로 인하여 환경오염을 일으킨 자는 오염된 환경을 복원할 책임을 지며, 오염으로 인한 피해의 구제에 드는 비용을 부담하여야 한다.

㉤ 국내에서 발생한 폐기물은 가능하면 국내에서 처리되어야 하고, 폐기물의 수입은 되도록 억제되어야 한다.

㉥ 폐기물은 소각, 매립 등의 처분을 하기보다는 우선적으로 재활용함으로써 자원생산성의 향상에 이바지하도록 하여야 한다.

17 BOD 용적부하가 $2kg/m^3 \cdot day$이고, 유입수 BOD가 500mg/L인 폐수를 하루에 $10,000m^3$ 처리하기 위해서 요구되는 포기조의 부피는?

① $1,000m^3$

② $2,000m^3$

③ $2,500m^3$

④ $5,000m^3$

ADVICE

$$\text{포기조 부피} = \frac{\text{BOD 부하}}{\text{용적부하}} = \frac{10,000m^3 \times 0.5kg/m^3}{2kg/m^3 \cdot day} = 2,500m^3$$

ANSWER 13.② 14.③ 15.④ 16.④ 17.③

18 포기조 용량 3,000m^3, 유입수 BOD 0.27g/L, 유량 10,000m^3/day일 때, F/M비를 0.3[kg BOD/(kg MLVSS · day)]으로 유지하기 위하여 필요한 MLVSS(Mixed Liquor Volatile Suspended Solid)의 농도는?

① 1,500mg/L
② 2,000mg/L
③ 2,500mg/L
④ 3,000mg/L

ADVICE $MLVSS = \frac{BOD\ 농도 \times 유량}{F/M비 \times 용적} = \frac{0.27 \times 1,000 \times 10,000}{0.3 \times 3,000} = 3,000mg/L$

19 페놀(C_6H_5OH) 94g과 글루코스($C_6H_{12}O_6$) 90g을 1m^{3}의 증류수에 녹여 실험용 시료를 만들었다. 이 시료의 이론적 산소요구량(ThOD : Theoretical Oxygen Demand)은? (단, 원자량은 C=12, H=1, O=16이다)

① 320mg/L
② 480mg/L
③ 640mg/L
④ 960mg/L

ADVICE 이론적 산소요구량 계산

㉠ 페놀(C_6H_5OH) 94g

$C_6H_5OH + 7O_2 \rightarrow 6CO_2 + 3H_2O$

$C_6H_5OH = 12 \times 6 + 1 \times 5 + 16 \times 1 + 1 = 94$

$7O_2 = 7 \times 16 \times 2 = 224$

$94 : 224 = 94 : x \qquad x = 224$

㉡ 글루코스($C_6H_{12}O_6$) 90g

$C_6H_{12}O_6 + 6O_2 \rightarrow 6CO_2 + 6H_2O$

$C_6H_{12}O_6 = 12 \times 6 + 1 \times 12 + 16 \times 6 = 180$

$6O_2 = 6 \times 16 \times 2 = 192$

$180 : 192 = 90 : x \qquad x = 96$

㉠+㉡= $224 + 96 = 320$

20 **성층권에 있는 오존층에 대한 설명으로 옳지 않은 것은?**

① 태양에서 방출된 유해한 자외선을 흡수하여 지상의 생명을 보호하는 막의 역할을 한다.

② UV-C는 인체에 무해하지만 오존층이 파괴되어 UV-B가 많아지면 피부암을 유발할 수 있으며, UV-A는 생물체의 유전자 파괴를 일으킬 수 있다.

③ 오존층이 파괴되면 성층권 내 자외선의 흡수량이 적어지며 많은 양의 자외선이 지표면에 도달하여 지구의 온도가 상승한다.

④ 성층권에 있는 오존은 짧은 파장의 자외선을 흡수하여 지속적으로 소멸되고 동시에 산소원자로 변환시키는 화학반응을 일으킨 후 산소분자와 결합해 오존을 생성한다.

ADVICE UV-A는 오존층에 흡수되지 않으며 UV-B에 비해 에너지량이 적지만 피부를 그을릴 수 있다. 피부를 태우는 주역은 UV-B이지만 UV-A는 피부를 빨갛게 만들 뿐 아니라 피부 면역체계에 작용하여 피부 노화에 따른 장기적 피부손상을 일으킬 수 있으며, 멜라닌 색소를 생성하기도 한다.

UV-B(280~320nm)는 인체의 피부와 눈에 해로우며 또한 면역체와 비타민 D의 합성에 악영향을 끼친다. 일반적으로 성층권의 오존농도가 1% 감소하면 UV-B의 양은 2% 증가하고 비melanoma계 피부암의 발생율은 약 4% 증가한다.

UV-C는 오존층에 완전히 흡수되며, UV-C에 노출될 경우 염색체 변이를 일으키고 단세포 유기물을 죽이며, 눈의 각막에 손상을 입히는 등 생명체에 해로운 영향을 미치지만 다행이 성층권에 의해 모두 흡수된다.

ANSWER 18.④ 19.① 20.②

2016. 6. 18. 제1회 지방직 시행

1 Dulong 식으로 폐기물 발열량 계산 시 포함되지 않는 원소는?

① 수소 ② 산소
③ 황 ④ 질소

ADVICE Dulong식을 이용하여 폐기물의 발열량을 계산할 수 있다.

$$Hh = 8,100C + 34,250\left(H - \frac{O}{8}\right) + 2,250S$$

이때 C는 탄소, H는 수소, O는 산소, S는 황이다.
즉 질소는 고려되지 않는다.

2 슬러지 처리 공정에서 호기성 소화에 비해 혐기성 소화의 장점이 아닌 것은?

① 운영비가 저렴하다.
② 슬러지가 적게 생산된다.
③ 체류시간이 짧다.
④ 메탄을 에너지화 할 수 있다.

ADVICE 호기성 처리와 비교하여 혐기성 소화의 장점은 유기물 부하가 크며, 잉여슬러지 생산량과 영양염류 요구량이 적고 바이오가스를 생성하므로 경제성이 있다. 호기성 처리는 유기물의 상당 부분이 잉여슬러지로 합성되기 때문에 슬러지 처리/처분의 문제가 발생하나 혐기성 소화는 대략 호기성 처리에서 발생되는 슬러지의 약 1/10 정도가 발생되며 슬러지로 발생되지 않는 부분은 바이오가스로 에너지로 변환된다. 혐기성 소화의 다른 장점은 운전에 있어서 폭기를 하지 않으므로 에너지 소비가 적고 운전과 유지관리가 용이하다. 또한 혐기성 소화는 호기성 처리와 비교하여 부하율이 높기 때문에 시설의 설비가 적게 요구되나 유기물이 완전히 분해되지 않는 단점이 있다. 즉, 체류시간이 길다는 것이다. 혐기성 소화는 호기성 소화에 비해 폐기물 분해 효율이 낮은 편으로 오랜 시간 동안 반응을 해야 한다.

3 암모니아 1mg/L를 질산성 질소로 모두 산화하는데 필요한 산소농도[mg/L]는?

① 3.76　　② 3.56
③ 4.57　　④ 4.27

ADVICE 반응식 = $NH_3 + 2O_2 \rightarrow HNO_3 + H_2O$

암모니아 1mol이 산화하는데 2mol의 산소가 필요하다.

암모니아 1mol의 몰질량은 17g이고 산소 2mol의 몰질량은 32×2g이므로 비례식을 그리면

$17g : 32 \times 2g = 1mg/L : x mg/L$

$x mg/L = 3.76 mg/L$

(이때 x는 산소의 농도)

4 집진 장치의 효율이 99.8%에서 95%로 감소하였다. 효율 저하 전후의 배출 먼지 농도 비율은?

① 1 : 10　　② 1 : 15
③ 1 : 20　　④ 1 : 25

ADVICE 제거효율이란 전체에서 제거된 비율을 말하므로

처음 효율에서의 배출먼지 농도는 100−99.8=0.2

나중 효율에서의 배출먼지 농도는 100−95=5

0.2 : 5 = 1 : 25

5 10m 간격으로 떨어져 있는 실험공의 수위차가 20cm일 때, 실질 평균선형유속[m/day]은? (단, 투수 계수는 0.4m/day이고 공극률은 0.5이다)

① 0.008　　② 0.18
③ 0.004　　④ 0.016

ADVICE 우선 Darcy의 식을 이용하여 평균선형유속을 구한다.

$$V = K \times \frac{dH}{dL} = \frac{0.4m}{day} \times \frac{0.2m}{10m} = 8 \times 10^{-3} m/day$$

이때, 실질평균선형유속 = Darcy유속/공극률 이므로

$$V = \frac{8 \times 10^{-3} m/day}{0.5} = 0.016 m/day$$

ANSWER 1.④ 2.③ 3.① 4.④ 5.④

6 어떤 물질 A의 반응차수를 구하기 위한 실험결과이다. 이에 대한 설명으로 옳지 않은 것은? (단, C는 A의 농도이고 t는 시간, k는 반응속도 상수, n은 반응차수이다)

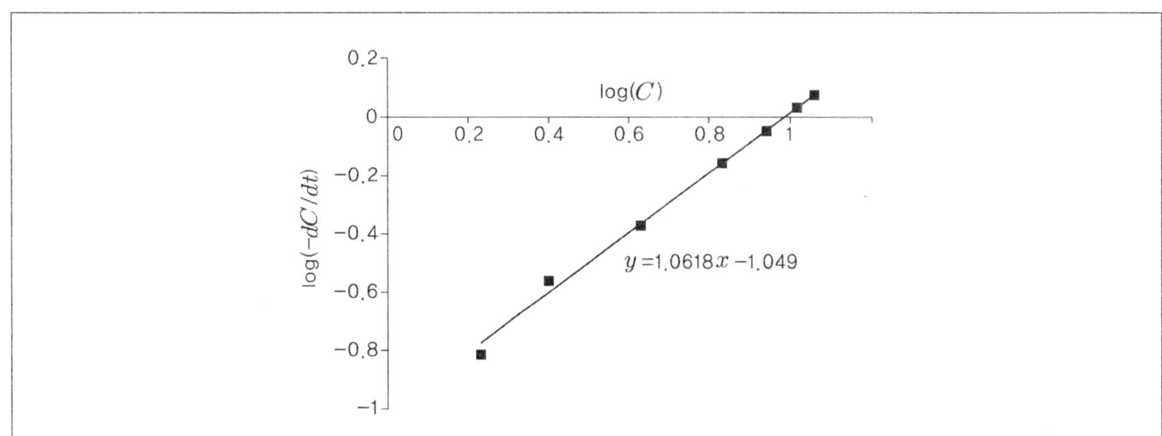

① 단순선형 회귀분석 방법을 이용하여 자료를 해석하였다.

② 일반적인 반응속도식인 $\left[-\frac{dC}{dt}=k\times C^n\right]$을 이용하여 반응차수인 n값을 구한 것이다.

③ 반응차수는 1.049이다.

④ 실험 자료의 유효성은 결정 계수로 판단할 수 있다.

ADVICE 반응속도식을 풀어서 일차방정식으로 정리하면 다음과 같다.

$-\frac{dC}{dt}=k\times C^n \xrightarrow{\text{log 변환}} \log\left(-\frac{dC}{dt}\right)=\log k+n\log C$

이때 $\log\left(-\frac{dC}{dt}\right)$를 y로, $\log C$를 x로 변환하면

$y=nx+\log k$

그림에 나와 있는 것처럼 y=1.0618x−1.049가 위 식이므로

반응차수 n은 1.0618이다.

7 **다음 실험 결과에서 처리 전과 처리 후의 BOD 제거율[%]은? (단, 희석수의 BOD 값은 0이다)**

구분	초기 DO(mg/L)	최종 DO(mg/L)	하수 부피(mL)	희석수 부피(mL)
처리 전	6.0	2.0	5	295
처리 후	9.0	4.0	15	285

① 33.3
② 50.0
③ 58.3
④ 61.4

ADVICE BOD제거율 : BOD$=(D_i - D_o)\times P$

이 때 P(희석율)$=\frac{\text{전체부피}}{\text{시료의 양}}$

㉠ 처리 전 BOD : $(6-2)\times\frac{300}{5}=240\text{mg/L}$

㉡ 처리 후 BOD : $(9-4)\times\frac{300}{15}=100\text{mg/L}$

㉢ BOD 제거율 : $\eta=\frac{C_i - C_o}{C_o}\times 100=\frac{240-100}{240}\times 100=58.3\%$

8 **입자상 물질을 제거하는 장치로 가장 거리가 먼 것은?**

① 사이클론 집진기
② 전기집진기
③ 백 하우스
④ 유동상 흡착장치

ADVICE 유동상 흡착장치는 가스상 물질 제거장치 중 흡착장치에 속하는 장치이다.

※ 제거장치의 종류

㉠ 입자상 물질 제거장치의 종류 : 중력장치, 관성력장치, 원심력장치(싸이클론), 세정장치(스크러버), 여과장치(백필터, 백 하우스), 전기장치

㉡ 가스상 물질 제거장치의 종류 : 흡수장치(세정장치), 흡착장치, 연소장치

ANSWER 6.③ 7.③ 8.④

9 다음은 용해된 염소가스가 수중에서 해리되었을 때 차아염소산과 염소산이온 간의 상대적인 분포를 pH에 따라 나타낸 그래프이다. 이에 대한 설명으로 옳지 않은 것은?

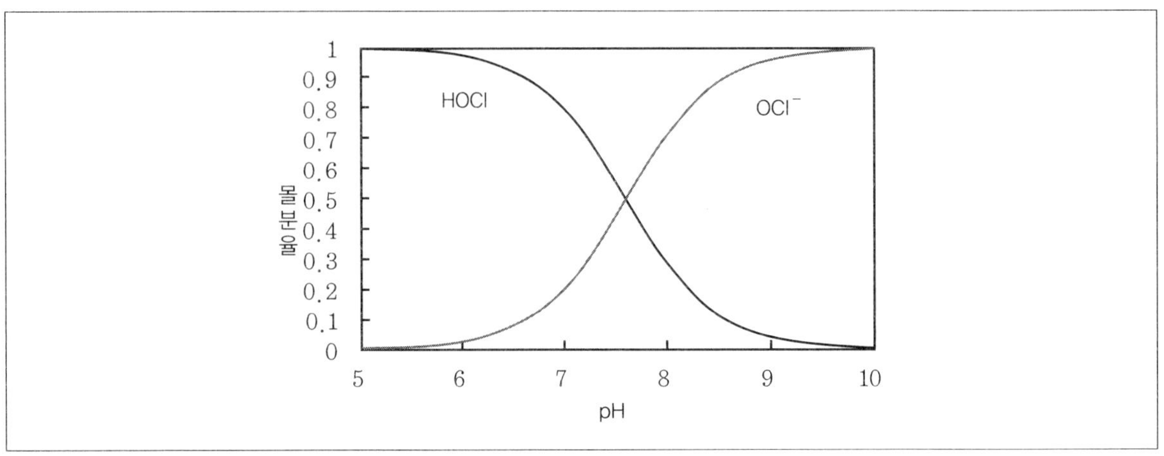

① pH가 6일 때 HOCl 농도는 0.99 mg/L이고 OCl^-보다 소독력이 크다.

② pH가 7.6일 때 HOCl 농도와 OCl^- 농도는 같다.

③ 염기성일 때, 산성에서보다 소독력이 떨어진다.

④ 온도에 따라 일정 pH에서 두 화학종의 몰분율이 달라진다.

ADVICE

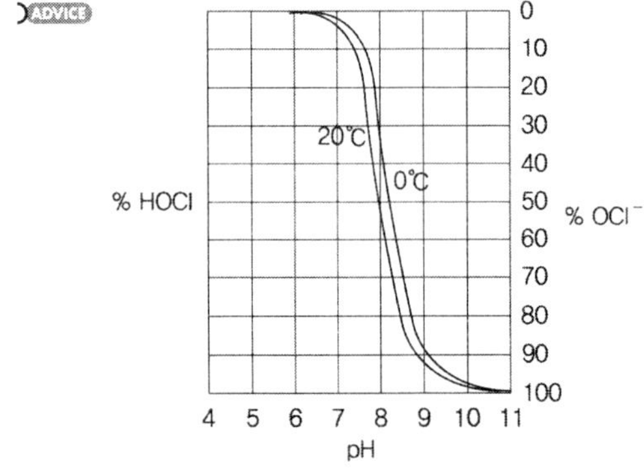

온도에 따라 일정 pH에서 두 화학종의 몰분율이 달라지는 것을 확인할 수 있으므로 ④번은 옳은 보기이다. 또한 염기성, 즉 pH가 높을 때 OCl^-의 농도가 HOCl보다 높다. HOCl의 소독력은 OCl^-보다 크기 때문에 염기성일 때 소독력이 감소한다. pH가 6일 때 HOCl의 몰분율이 0.99mg/L이다.

따라서 몰분율과 농도는 같지 않으므로 ①번이 틀린 보기가 된다.

10 길이가 30m, 폭이 15m, 깊이가 3m인 침전지의 유량이 $4,500m^3/day$이다. 유입 BOD 농도가 600mg/L이고 총 고형 물질 농도가 1,200mg/L일 때, 수리학적 표면 부하율[$m^3 \cdot m^{-2} \cdot day^{-1}$]은?

① 10
② 30
③ 50
④ 90

ADVICE 표면 부하율 $= \dfrac{\text{유입되는 유량}}{\text{수면적}} = \dfrac{Q}{A} = \dfrac{4,500m^3/day}{30m \times 15m} = 10m^3 \cdot m^{-2} \cdot day^{-1}$

11 대기 중 부유성 입자와 침강성 입자를 분류하는 입경(particle diameter) 기준은?

① $2.5\mu m$
② $10\mu m$
③ $50\mu m$
④ $100\mu m$

ADVICE 입자의 지름이 $10\mu m$ 이상이면 중력의 영향을 받아 침강하는 침강성 입자이고, $10\mu m$ 이하이면 중력의 영향을 별로 받지 못해 공중에 부유하게 되는 부유성 입자이다.

12 물리량의 차원으로 옳지 않은 것은?

① 확산 계수 $[L^2T^{-1}]$
② 동점성 계수 $[L^3T^{-1}]$
③ 압력 $[ML^{-1}T^{-2}]$
④ 밀도 $[ML^{-3}]$

ADVICE 동점성 계수 $= \dfrac{\text{점성 계수}}{\text{밀도}} = \dfrac{\mu}{\rho} = \dfrac{kg/m \cdot s}{kg/m^3} = m^2 \cdot s$
즉 동점성 계수의 물리량 차원은 $[L^2 \cdot T]$가 된다.

ANSWER 9.① 10.① 11.② 12.②

13 고형물이 40%인 유기성 폐기물 10ton을 수분 함량 20%가 되도록 건조시킬 때 건조 후 수분 중량[ton]은? (단, 유기성 폐기물은 고형물과 수분만으로 구성되어 있다고 가정한다)

① 1
② 2
③ 4
④ 6

ADVICE $V_1(1-W_1)=V_2(1-W_2)$

(이때 V는 폐기물량, W는 함수량)

건조 전 폐기물의 고형물이 40%이므로 함수량은 60%가 된다.

$10\text{ton}(1-0.6)=x\,\text{ton}(1-0.2)$

$x=5(\text{ton})$

5ton의 폐기물 중 수분 함량은 20%이므로, 수분 중량은 1ton이 된다.

14 지하수 대수층의 부피가 2,500m^3, 공극률이 0.4, 공극수 내 비반응성 물질 A의 농도가 50mg/L일 때, 공극수 내 물질 A의 질량[kg]은?

① 25
② 40
③ 50
④ 100

ADVICE 대수층에서 공극률이 존재한다는 것은 빈 공간이 있다는 소리이고, 빈 공간에는 물이 들어갈 수 있다.

대수층 실제 부피 = $2{,}500\text{m}^3\times(1-0.4)=1{,}500\text{m}^3$

즉, 2,500m^{3}에서 1,500m^{3}을 뺀 만큼 수분이 들어갈 수 있다.

$$\frac{50\text{mg}}{\text{L}}\times\frac{1{,}000\text{m}^3}{1}\times\frac{1{,}000\text{L}}{1\text{m}^3}\times\frac{1\text{kg}}{10^6\text{mg}}=50\text{kg}$$

15 80% 효율의 펌프로 1m^3/sec의 물을 5m의 총수두로 양수 시 필요한 동력[kW]은? (단, 소수점 첫째 자리에서 반올림한다)

① 34
② 40
③ 61
④ 70

ADVICE 펌프동력 $P=\frac{r\times Q\times H}{102}\times\frac{1}{\eta}=\frac{(1{,}000\text{kg}_f/\text{m}^3)\times(1\text{m}^3/\text{s})\times 5\text{m}}{102\times 0.8}=61\text{kW}$

16 다음 미생물 비증식 속도식에 대한 설명으로 옳지 않은 것은? (단, μ는 비증식 속도, μ_{max}는 최대 비증식 속도, K_s는 미카엘리스 상수, S는 기질 농도이다)

$$\mu = \frac{\mu_{max} \times S}{K_s + S}$$

① $1/\mu$과 $1/S$의 그래프에서 기울기 값이 μ_{max}이다.

② μ는 S가 증가함에 따라 기질 흡수 기작이 포화될 때까지 증가한다.

③ K_s는 그래프 상에서 μ가 μ_{max}의 1/2일 때의 S값이다.

④ $S \gg K_s$일 때 $\mu \simeq \mu_{max}$이다.

ADVICE 보기로 주어진 monod식을 뒤집어 정리하면 다음과 같다.

$$\mu = \frac{\mu_{max} \times S}{K_s + S} \rightarrow \frac{1}{\mu} = \frac{K_s + S}{\mu_{max} \times S} = \frac{K_s}{\mu_{max} \times S} + \frac{1}{\mu_{max}}$$

$\frac{1}{S}$를 x값으로, $\frac{1}{\mu}$를 y값으로 치환한다면 기울기값은 $\frac{K_s}{\mu_{max}}$이 된다.

17 위생 매립지에 유입된 미확인 물질을 원소 분석한 결과, 질량 기준으로 탄소 40.92%, 수소 4.58%, 산소 54.50%로 구성되어 있을 경우 이 물질의 실험식은?

① CH_3O

② $C_3H_4O_3$

③ $C_2H_6O_2$

④ $C_6H_8O_6$

ADVICE 질량을 몰질량으로 나누어 몰수를 구한다.

$$C = \frac{40.92}{12} \cong 3$$

$$H = \frac{4.58}{1} \cong 4$$

$$O = \frac{54.50}{16} \cong 3$$

$\therefore C_3H_4O_3$

ANSWER 13.① 14.③ 15.③ 16.① 17.②

18 K_{ow} (옥탄올－물 분배 계수) 100인 유기화합물 A가 물 시료 중에 50mg/L 농도로 용해되어 있다. 이 시료 1L에 옥탄올 100mL를 넣고 교반하였다. 평형에 도달한 후 물에 용해되어 있는 A의 농도[mg/L]는?

① 1.45 ② 2.25

③ 3.10 ④ 4.55

ADVICE 옥탄올－물 분배 계수는 옥탄올과 물에서의 용질의 분포를 표시하는 상수로, 옥탄올과 물 중에 특정 물질이 더 잘 녹는 용매를 찾는 방법이다.

$$K_{ow}=\frac{\text{옥탄올에 녹은 용질의 농도}}{\text{물에 녹은 용질의 농도}}=\frac{(50-x)\text{mg}/100\text{ml}}{x\text{mg}/1{,}000\text{ml}}=100$$

$\therefore x$(물에 녹은 용질의 농도) ≒ 4.55mg/L

19 어떤 지점에서 기계에 의한 음압레벨이 80dB, 자동차에 의한 음압레벨이 70dB, 바람에 의한 음압레벨이 50dB인 경우 총음압레벨[dB]은? (단, log1.1 = 0.04, log2.2 = 0.34, log3.1 = 0.49이다)

① 66.7 ② 74.9

③ 80.4 ④ 93.4

ADVICE

$$\text{총소음의 합}=10\cdot\log\left(10^{\frac{L_1}{10}}+10^{\frac{L_2}{10}}+10^{\frac{L_3}{10}}\cdots\right)=10\cdot\log(10^8+10^7+10^5)\fallingdotseq 80.4$$

20 질소 순환에 대한 설명으로 옳지 않은 것은?

① 질산화 과정 중 나이트로박터는 아질산성 질소를 질산성 질소로 산화시킨다.

② 아질산염은 NADH의 촉매작용으로 질산염이 된다.

③ 탈질화 과정에서 N_2가 생성된다.

④ N_2가 질소 고정반응을 통해 암모니아를 생성한다.

ADVICE 질산화 과정을 통해 암모니아성 질소가 나이트로소모나스를 통해 아질산성 질소로 산화되고, 아질산성 질소는 나이트로박터를 통해 질산성 질소로 산화된다.

이 때 질산화 미생물들은 산소를 이용하여 산화를 진행하는 NAD 촉매라고 할 수 있다.

NADH 촉매는 환원성 촉매이기 때문에 ②번 보기는 옳지 않다.

2016. 6. 25. 서울특별시 시행

1 해양에서 발생하는 적조현상에 대한 설명으로 가장 옳은 것은?

① 적조는 해수의 색 변화를 통한 심미적 불쾌감, 어패류의 질식사, 해수 내 빠른 용존산소의 감소, 독소 물질 생성 등의 피해를 일으킬 수 있다.

② 적조는 미량의 염분 농도, 높은 수온, 풍부한 영양염류의 조건에서 쉽게 나타나며 비정체성 수역에서 자주 관찰된다.

③ 적조 발생 시 대처 방안으로 활성탄 살포, 유입하수의 고도 처리와 함께 공존 미생물의 활발한 성장을 돕기 위한 질소, 인의 투입 등이 있다.

④ 적조 발생은 생활하수 및 산업폐수의 유입과는 연관성이 희박하므로 수산 피해를 최소화하기 위한 장기적 방안은 해안 지역에 국한하여 고려해야 한다.

ADVICE ② 적조는 정체성 수역에서 자주 관찰된다.
③ 질소와 인 등의 영양염류가 과다해서 적조가 생기는 것이므로, 제거해 주어야 한다.
④ 적조 발생은 부영양화에 의한 것으로, 생활하수 및 산업폐수의 유입과 연관성이 높다.

2 폐기물의 수송 전 효율성을 높이기 위해 적환장을 설치할 경우, 적환장의 위치 결정 시 고려해야 할 사항 중 옳지 않은 것은?

① 간선도로로 접근이 쉽고 2차 보조수송수단의 연결이 쉬운 곳

② 수거하고자 하는 개별적 고형 폐기물 발생지역들과의 평균거리가 동일한 곳

③ 주민의 반대가 적고 주위환경에 대한 영향이 최소인 곳

④ 설치 및 작업조작이 용이한 곳

ADVICE 평균거리가 동일하다고 해서 폐기물의 발생량이 동일하진 않다.
그러므로 거리가 아닌 무게중심을 기준으로 적환장을 설치해야 한다.

ANSWER 18.④ 19.③ 20.② / 1.① 2.②

3 다음에서 ㉠, ㉡에 들어갈 말로 옳게 짝지어진 것은?

> 온난화지수란 각 온실가스의 온실효과를 상대적으로 환산함으로써 비용적 접근이 가능하도록 하는 지수를 말하는 것으로 대상기체 1kg의 적외선 흡수능력을 ___㉠___와(과) 비교하는 값이다. 이 온난화지수가 가장 높은 물질은 ___㉡___이다.

	㉠	㉡
①	메탄	육불화황
②	메탄	과불화탄소
③	이산화탄소	육불화황
④	이산화탄소	과불화탄소

ADVICE 온난화 지수 기여도 순서

$CO_2 < CH_4 < N_2O < HFC < PFC < SF_6$

온난화지수가 가장 높은 것은 육불화황이다.

또한 온난화지수의 기준물질은 이산화탄소이다.

4 고형물 함유도가 40%인 슬러지 200kg을 5일 동안 건조시켰더니 수분 함유율이 20%로 측정되었다. 5일 동안 제거된 수분량은 몇 kg인가? (단, 비중은 1.0기준이다.)

① 70kg ② 80kg

③ 90kg ④ 100kg

ADVICE $V_1(1-W_1) = V_2(1-W_2)$

$200\text{kg}(1-0.6) = x\text{kg}(1-0.2)$

$\therefore x = 100\text{kg}$

고형물의 양에는 변화가 없으므로, 변화된 무게만큼 수분이 증발하였다.

즉, 증발한 수분의 양은 $200\text{kg} - 100\text{kg} = 100\text{kg}$ 이다.

5 슬러지 처리공정 시 안정화 방법으로서 호기적 소화가 갖는 장점으로 옳지 않은 것은?

① 상등액의 BOD 농도가 낮다.

② 슬러지 생성량이 적다.

③ 악취발생이 적다.

④ 시설비가 적게 든다.

ADVICE 혐기성 소화법과 비교한 호기성 소화법의 장단점

장점	• 최초 시공비 절감 • 악취발생 감소 • 운전용이 • 상징수의 수질 양호
단점	• 소화슬러지 탈수불량 • 폭기에 드는 동력비 과다 • 유기물 감소율 저조 • 건설부지 과다 • 저온시의 효율 저하 • 가치있는 부산물이 생성되지 않음

슬러지 생성량은 처리효율에 비례한다.
호기성 소화는 혐기성 소화보다 처리효율이 좋기 때문에 슬러지 생성량이 많다.

6 다음은 소리의 마스킹효과(Masking Effect, 음폐효과)의 정의 및 특징에 대한 설명이다. 옳지 않은 것은?

① 고음(높은 주파수)이 저음(낮은 주파수)을 잘 마스킹 한다.

② 두 음의 주파수가 비슷할 때 마스킹효과는 커진다.

③ 마스킹효과란 어떤 소리가 다른 소리를 들을 수 있는 능력을 감소시키는 현상을 말한다.

④ 두 음의 주파수가 같을 때는 맥동현상에 의해 마스킹효과가 감소한다.

ADVICE ㉠ 마스킹효과(음폐효과) : 큰 소리에 의해 다른 소리가 잘 들리지 않는 현상
㉡ 고음보다 저음이 더 잘 마스킹 된다. 또한 주파수가 같을 경우 공명현상에 의해 소리가 증폭한다.

ANSWER 3.③ 4.④ 5.② 6.①

7 **강우의 유달시간과 강우지속시간의 관계에 대한 설명으로 가장 옳지 않은 것은?**

① 유달시간은 강우의 유입시간과 유하시간의 합이고 유입시간은 강우가 배수구역의 최원격지지점에서 하수관거 입구까지 유입되는데 걸리는 시간이다.

② 유달시간이 강우지속시간보다 긴 경우 지체현상이 발생한다.

③ 강우지속시간이 유달시간보다 긴 경우 전배수구역의 강우가 동시에 하수관 시작점에 모일 수 있다.

④ 최근 도시화로 인해 강우의 유출계수와 유달시간이 증가하여 침수피해 발생 빈도가 증가하고 있다.

ADVICE 우수유출량을 구하는 공식으로는 합리식이 있다.

합리식 : $Q=\frac{1}{360}\cdot C\cdot I\cdot A$

- Q : 최대계획우수유출량(m^3/s)
- C : 유출계수
- I : 유달시간(t) 내의 평균강우강도(mm/h)$=\frac{a}{(t^m+b)^n}$ (a, b, m, n은 정수)
- A : 배수면적(ha)

도시화로 포장도로가 늘어나면서 유출계수는 증가하고 유달시간은 감소, 즉 유입시간이 감소하였다.
따라서 ④는 옳지 않은 설명이다.

8 **수질오염의 지표로 널리 사용되고 있는 생물학적 산소요구량(BOD)의 한계성으로 옳지 않은 것은?**

① 다른 수질오염 지표에 비해 측정에 긴 시간이 필요하다.

② 수중에 함유된 유기물 중 생분해성 유기물만 측정이 가능하다.

③ 미생물의 활성에 영향을 주는 독성물질의 방해가 예상된다.

④ BOD_5의 정확한 측정을 위해서는 질산화 미생물이 필요하다.

ADVICE

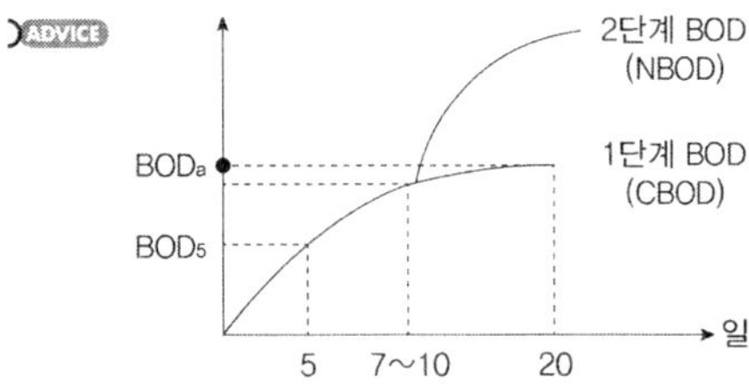

7~10일 전에는 탄소만 분해되고 질소는 분해되지 않는다.
즉, BOD_5에서는 질소가 고려되지 않는다.
때문에 질산화 미생물이 필요하지 않다.

9 **다음은 토양과 지하수의 정화 및 복원기술과 관련된 설명이다. 옳지 않은 것은?**

① 지하수 복원기술로서 양수처리기법은 정화된 물을 지하로 투입하여 지중 내의 오염지하수를 희석시킴으로써 오염물질의 농도를 규제치 이하로 떨어뜨리는 기법을 의미하며 가장 간단하고 보편적으로 활용되는 기법이다.

② 오염토양의 처리기법은 위치에 따라 in-situ와 ex-situ 처리법으로 나뉘며 in-situ 처리법으로는 토양증기추출법, 고형화·안정화법, 생물학적 분해법 등이 있고 ex-situ 처리법으로는 열탈착법, 토양세척법, 산화·환원법, 토양경작법 등이 있다.

③ 물리·화학적 방법을 통해 독성물질 및 오염물질의 유동성을 떨어뜨리거나 고체구조 내에 가두는 방식의 처리기법을 고형화·안정화법이라고 하며, 중금속이나 방사능물질을 포함하는 무기물질에 효과적인 것으로 알려져 있다.

④ 토양경작법은 오염토양을 굴착하여 지표상에 위치시킨 후 정기적인 뒤집기에 의한 공기공급을 통해 호기성 생분해를 촉진하여 유기오염물질을 제어하는 방법이다.

ADVICE 양수처리기법은 오염된 물을 밖으로 꺼내 정화시키는 방법이다. 즉 ex-situ 방법이다.
①의 설명은 in-situ 방법을 설명하고 있으므로 옳지 않다.

10 **청계천의 상류와 하류에서 하천수의 BOD를 측정한 결과 상류 하천수의 BOD는 25mg/L, 하류 하천수의 BOD는 19mg/L이었다. 상류 하천수의 DO가 9mg/L이었고, 하천수가 상류에서 하류로 흐르는 동안 4mg/L의 재포기가 있었다고 할 때, 하류 하천수의 DO는 얼마인가? (단, 지류에서 유입·유출되는 오염수 또는 하천수는 없다.)**

① 4mg/L　　② 5mg/L

③ 6mg/L　　④ 7mg/L

ADVICE BOD는 생물학적 산소 요구량으로, 그만큼의 산소를 이용해야 물이 정화됨을 말한다.
BOD가 25mg/L에서 19mg/L로 감소했다는 것은 6mg/L만큼의 산소를 사용하여 물을 정화했음을 말하는 것이고, 초기 DO가 9mg/L였으므로 하류의 DO는 3mg/L가 된다.
그러나 재포기로 4mg/L의 DO가 유입되었으므로 최종 DO는 7mg/L이다.

ANSWER 7.④ 8.④ 9.① 10.④

11 다음 중 소음평가를 나타내는 용어에 대한 설명으로 옳은 것은?

① AI(Articulation Index, 명료도지수)는 음성레벨과 배경소음레벨의 비율인 신호 대 잡음비에 기본을 두며 AI가 0%이면 완벽한 대화가 가능한 것을 의미한다.

② NC(Noise Criteria)는 도로교통소음과 같이 변동이 심한 소음을 평가하는 척도이다.

③ PNL(Perceived Noise Level, 감각소음레벨)은 공항주변의 항공기소음을 평가한 방법이다.

④ SIL(Speech Interference Level, 회화방해레벨)은 도로교통소음을 인간의 반응과 관련시켜 정량적으로 구한 값이다.

ADVICE ① AI(명료도지수)는 소리의 명료함을 나타내는 지수로써, 0%면 대화가 불가능한 정도이고 100%이면 완벽한 대화가 가능한 정도를 의미한다.

② NC는 소음한계곡선에 의해 각 옥타브밴드에서 계측한 소음의 음압레벨을 측정하여 실내소음을 평가하는 척도이다.

④ SIL은 소음의 강약이 회화를 방해하는 정도를 말한다. 3개의 주파대로 소음의 옥타브를 구분하여 각 음압레벨의 데시벨 수를 산술평균한 값이다.

12 대기의 수직혼합이 억제되어 대기오염을 심화시키는 기온역전현상은 생성과정에 따라 여러 종류가 있는데, 다음 설명은 어떤 기온역전층에 대한 내용인가?

- 지표면 부근의 공기가 냉각되어 발생
- 맑고 건조하며 바람이 약한 날 야간에 주로 발생
- 일출 후 지표면으로부터 역전층이 서서히 해소

① 침강역전 ② 복사역전

③ 난류역전 ④ 전선역전

ADVICE 기온역전층 … 보통 대류권내에서는 기온과 높이는 반비례 하지만, 기온과 높이가 비례하는 경우가 있는데 이런 현상이 나타나는 기온층을 기온역전층이라 한다.

① 침강역전 : 광범위한 지역에서 상층의 공기가 천천히 하강하여 역전현상이 발생

② 복사역전 : 야간에 지표면 부근이 냉각되면서 발생

③ 난류역전 : 난류가 강한 층과 그 위쪽의 비교적 안정한 층 사이에서 발생

④ 전선역전 : 성질이 다른 두 공기(예 한랭전선, 온난전선)가 만나는 전선면에서 발생

13 다음 중 등가비(ϕ)에 대한 설명으로 옳지 않은 것은?

① $\phi > 1$이면 공기가 과잉으로 공급되는 불완전연소이다.

② 등가비는 공기비의 역수이다.

③ 등가비는 $\dfrac{\text{실제 연료량/산화제}}{\text{완전연소를 위한 이상적 연료량/산화제}}$이다.

④ $\phi = 1$이면 완전연소를 의미한다.

ADVICE 등가비$(\phi) = \dfrac{\text{실제연료량}}{\text{이론연료량}} = \dfrac{1}{\text{공기비}}$

등가비가 1 이상이면 실제 연료량이 이론 연료량보다 많음을 의미한다.

즉 연료가 과잉으로 들어갔으며 불완전연소가 일어난다.

14 토양오염의 특징을 설명한 다음 내용 중 옳지 않은 것은?

① 토양은 일단 오염되면 원상 복구가 어렵다.

② 토양오염은 물, 공기 등 오염경로가 다양하다.

③ 토양오염은 매체의 특성상 대부분 잔류성이 적은 편이다.

④ 토양오염은 대부분 눈에 보이지 않아 인지가 쉽지 않다.

ADVICE 흙 입자 표면에 오염물질이 흡착하기 쉽기 때문에 잔류성이 큰 편이다.

15 하수에 공기를 불어넣고 교반시키면 각종 미생물이 하수 중의 유기물을 이용하여 증식하며 플록을 형성하는데 이것을 활성슬러지라고 한다. 다음 중 활성슬러지법 처리방식으로 옳지 않은 것은?

① 순산소활성슬러지법 ② 심층포기법

③ 크라우스(Kraus)공법 ④ 살수여상법

ADVICE 살수여상법은 부착증식법에 해당한다.

① 순산소활성슬러지법 : 공기 대신 순수한 산소를 공급하는 활성슬러지법

② 심층포기법 : 수심이 깊은 조에서 포기하여 용지이용률을 증가시키는 공법

③ 크라우스 공법 : 미생물 성장에 필요한 영양을 공급하는 공법으로, 반송슬러지의 일부를 재포기

④ 살수여상법 : 매체에 미생물을 부착하고 그 위에 폐수를 살포하는 공법

※ 생물학적 처리공정의 종류
- 부유증식법(플럭 형성○) : 활성슬러지법, 단계포기법, 심층포기법, 크라우스법
- 부착증식법(플럭 형성×) : 살수여상법, 회전원판법, 접촉포기법

ANSWER 11.③ 12.② 13.① 14.③ 15.④

16 하수의 고도처리과정 중 생물학적 탈질과정에 대한 설명으로 옳지 않은 것은?

① 탈질반응은 무산소 조건에서 탈질미생물에 의해 생물학적으로 진행된다.
② 탈질미생물은 혐기성 미생물로서 질산성 질소의 산소를 이용하며 유기탄소원이 필요없는 독립영양 미생물이다.
③ 질산성 질소의 탈질과정에서 알칼리도는 증가한다.
④ 탈질반응조의 온도는 생물학적 반응이 원활하게 이루어질 수 있는 온도를 유지하여야 한다.

ADVICE 탈질미생물은 혐기성 종속영양계 미생물이다. 때문에 영양물로 유기물을 필요로 한다.

17 폐기물 및 폐기물 처리기술에 대한 다음 설명 중 옳지 않은 것은?

① 폐기물의 유해성을 판단하는 요소에는 반응성(reactivity), 부식성(corrosivity), 가연성(ignitability), 독성(toxicity) 등이 있다.
② 소각, 파쇄·절단, 응집·침전, 증발·농축, 탈수, 안정화시설 등은 유해 폐기물 중간처리시설로 분류된다.
③ 폐기물 처리를 위한 매립 기법은 종류와 무관하게 광범위한 고형 폐기물의 처리가 가능하고 매립 완료 후 일정기간이 지나면 토지 이용이 가능하며 시설 투자비용 및 운영비용이 저렴하다는 장점이 있다.
④ 열적 처리공정으로서 소각은 환원성 분위기에서 폐기물을 가열함으로써 가스, 액체, 고체 상태의 연료를 생성시킬 수 있는 공정을 의미하며 질소산화물(NOx) 등의 발생이 비교적 적고 자원 회수가 가능하다는 장점이 있다.

ADVICE 소각은 산화성 분위기에서 산소와 열을 이용하여 폐기물을 분해, 재 등이 생성되는 과정이다.
④ 열적 처리공정 중 열분해에 관한 설명이다.

18 다음 중 방진재료로 사용되는 금속스프링의 특징으로 옳지 않은 것은?

① 온도나 부식 등의 환경적 요소에 대한 저항성이 크다.
② 감쇠가 거의 없으며 공진 시 전달률이 크다.
③ 고주파 진동의 차진이 우수하다.
④ 최대변위가 허용된다.

ADVICE 금속스프링은 저주파 차진에 우수하다.

19 다음 중 중력 집진장치의 집진효율을 향상시키는 조건으로 옳지 않은 것은?

① 침강실 내의 가스흐름이 균일해야 한다.

② 침강실의 높이가 높아야 한다.

③ 침강실의 길이가 길어야 한다.

④ 배기가스의 유속이 느려야 한다.

ADVICE $\eta = \dfrac{\text{침강속도} \cdot \text{침강실 길이}}{\text{가스유속} \cdot \text{침강실 높이}} = \dfrac{V_g L}{VH}$

그러므로 침강실의 높이가 낮아야 효율이 높아진다.

20 지표수 분석 결과 물 속의 양이온과 음이온의 농도가 다음과 같이 나타났다. 물 속의 경도를 $CaCO_3$mg/L로 올바르게 나타낸 값은 무엇인가? (단, $CaCO_3$를 구성하는 Ca, C, O의 원자량은 각각 40, 12, 16이다.)

이온	농도(mg/L)
Ca^{2+}	60
Na^{+}	60
Cl^{-}	120
NO_3^{-}	5
SO_4^{2-}	24

① 75　　② 150

③ 300　　④ 450

ADVICE 경도계산식 = $\sum M_c^{2+} \times \dfrac{50}{eq}$

Ca^{2+}만 경도와 관련이 있는 이온이다.

$Ca = \dfrac{60mg}{L} \times \dfrac{1}{40mg} \times \dfrac{2 \times 50}{1} = 150mg/L$

ANSWER 16.② 17.④ 18.③ 19.② 20.②

2017. 6. 17. 제1회 지방직 시행

1 **하천에서 용존산소가 소모되는 과정으로 옳지 않은 것은?**

① 유기물 분해
② 재포기
③ 조류의 호흡
④ 질산화

ADVICE 재포기(reaeration)에 의해 산소가 공급되면 용존산소가 증가한다.

2 **강에서 부영양화에 의한 조류 번성 시 하천수에 대한 설명으로 옳지 않은 것은?**

① 강물에 이취미 물질(Geosmin, 2-MIB)이 증가한다.
② 조류번식으로 pH 값이 증가한다.
③ 하천 수질의 투명도가 낮아진다.
④ 낮에는 빛을 이용해 물 속의 용존산소가 소모되고 CO_2는 생성된다.

ADVICE 낮에는 조류의 광합성량이 호흡량을 초과하기 때문에, 광합성으로 인하여 물 속의 이산화탄소가 소모되고 용존산소량이 증가한다.

① 지오스민(geosmin)과 2-MIB(2-methyl isoborneol)은 조류가 배출하는 부산물로 맛과 냄새를 유발하는 물질이다. 유해성이 없는 심리적인 물질이기는 하나, 수돗물에 극미량만 존재해도 흙냄새(지오스민)나 곰팡이 냄새(2-MIB)를 느낀다.
② 조류가 번식하면 광합성에 의해 이산화탄소가 소모되어 수중 pH가 증가할 수 있다.

3 수질 오염원으로 알려진 비점 오염원의 특징으로 옳지 않은 것은?

① 초기 강우에 영향을 받지 않아 시간에 따른 오염 물질 농도의 변화가 없다.

② 비점 오염원은 점 오염원과 비교하여 간헐적으로 유입되는 특성이 있다.

③ 비점 오염원 저감 시설로는 인공 습지, 침투 시설, 식생형 시설 등이 있다.

④ 광산, 벌목장, 임야 등이 비점 오염원에 속하며 오염 물질의 차집이 어렵다.

ADVICE 비점오염원은 도시, 도로, 농지, 산지, 공사장 등으로서 불특정 장소에서 불특정하게 수질오염 물질을 배출하는 배출원을 말한다(수질 및 수생태계 보전에 관한 법률 제2조). 점오염원과 비점오염원은 상대적인 개념으로서, 공장을 예로 들면 관거를 통해 수집되어 수질오염방지 시설을 통해 처리되는 공장 폐수를 배출하는 공정시설은 점오염원인데 반해, 그외 처리를 거치지 않고 하천으로 유입되는 강우 유출수를 배출하는 야적장 등 공장부지는 비점오염원에 해당된다. 비점오염원은 강우에 의해 이동되므로 강우에 직접적인 영향을 받는다.

4 온실효과에 대한 설명으로 옳지 않은 것은?

① 지구온실 효과에 영향을 미치는 대표적인 온실가스는 CO_2이다.

② 온실효과는 장파장보다 단파장이 더 크다.

③ CO_2는 복사열이 우주로 방출되는 것을 막는 역할을 한다.

④ 온실가스는 화석연료 사용과 산업, 농업부문 등에서 배출된다.

ADVICE 온실효과를 일으키는 온실가스는 장파장인 적외선을 흡수함으로써 일어난다.

5 대기 오염 물질인 질소산화물(NO_X)의 영향에 대한 설명으로 옳지 않은 것은?

① NO_2는 광화학적 분해 작용 때문에 대기의 O_3 농도를 증가시킨다.

② NO_2는 냉수 또는 알칼리 수용액과 작용하여 가시도에 영향을 미친다.

③ NO_2는 습도가 높은 경우 질산이 되어 금속을 부식시킨다.

④ NO_X 배출의 대부분은 NO_2 형태이며 무색 기체이다.

ADVICE NO_X 배출의 대부분은 NO_2가 아니라 NO 형태로 이루어진다.

ANSWER 1.② 2.④ 3.① 4.② 5.④

6 활성슬러지 공정을 다음 조건에서 운전할 때, F/M [kg BOD/kg MLVSS · d]비는?

- 유입수 BOD : 200mg/L
- 포기조 내 MLSS : 2,500mg/L
- MLVSS/MLSS비 : 0.8
- 반응(포기) 시간 : 24hr

① 0.01 ② 0.08
③ 0.10 ④ 1.00

ADVICE $F/M = \frac{BOD \times Q}{VX} = \frac{BOD}{tV} = \frac{200mg/L}{0.8 \times 2{,}500mg/L} = 0.10$

7 하천의 BOD 기준이 2mg/L이고, 현재 하천의 BOD는 1mg/L이며, 하천의 유량은 1,500,000m^3/day이다. 하천 주변에 돼지 축사를 건설하고자 할 때, 축사에서 배출되는 폐수로 인해 BOD기준을 초과하지 않도록 하면서 사육 가능한 돼지 수[마리]는? (단, 돼지축사 건설로 인한 유량 증가는 없으며, 돼지 1마리당 배출되는 BOD 부하는 2kg/day라고 가정한다)

① 500 ② 750
③ 1,000 ④ 1,500

ADVICE 하천 BOD 기준이 2mg/L이고 현재 하천의 BOD가 1mg/L이므로, 돼지 사육으로 인하여 배출되는 폐수로 인해 BOD에 영향을 미치는 최대량은 (2−1)mg이다.

즉, $(2-1)mg/L = \frac{2kg/day마리}{1{,}500{,}000m^3/day} \times x(마리) \times 10^{-6}kg/mg \times 10^3L/m^3$이며,

본 방정식을 풀면 $x = 750$(마리)임을 구할 수 있다.

8 두 개의 저수지에서 한 농지에 동시에 용수를 공급하고자 한다. 이 농업용수는 염분농도 0.1g/L, 유량 8.0m^3/sec 의 조건을 맞추어야 한다. 이 때 1, 2번 저수지에서 취수해야 하는 유량 Q_1, Q_2[m^3/sec]는 각각 얼마인가?

- 1번 저수지 : 염분농도 $C_1 = 500\text{ppm}$
- 2번 저수지 : 염분농도 $C_2 = 50\text{ppm}$

	Q_1	Q_2
①	3.5	4.5
②	2.8	5.2
③	1.4	6.6
④	0.9	7.1

ADVICE 맞추고자 하는 염분농도 0.1g/L = 100ppm이고, 1번과 2번 저수지에서 취수해야 하는 유량의 합은 8이어야 하므로 다음과 같이 연립방정식을 세울 수 있다.

$Q_1 + Q_2 = 8$

$\frac{500Q_1 + 50Q_2}{Q_1 + Q_2} = 100$

상기 연립방정식을 풀면, $Q_1 = 0.89 \fallingdotseq 0.9\text{m}^3/\text{sec}$, $Q_2 = 7.11 \fallingdotseq 7.1\text{m}^3/\text{sec}$임을 구할 수 있다.

9 도시 쓰레기 소각장의 다이옥신 생성 및 방출 억제 대책으로 옳지 않은 것은?

① 소각 과정 중에서 다이옥신의 생성을 억제하고, 생성된 경우에도 파괴될 수 있도록 550℃ 이상의 고온에서 1초 동안 정체하도록 한다.

② 다이옥신은 소각로에서 배출되는 과정 중 300℃ 부근에서 재형성된다.

③ 쓰레기 소각로에서의 배출 공정을 개선하여 배출 기준 이하가 되도록 제거, 감소시킨다.

④ 분말 활성탄을 살포하여 다이옥신이 흡착되게 한 후, 이를 전기 집진기에 걸러서 다이옥신 농도를 저감시킬 수 있다.

ADVICE 다이옥신은 550℃ 정도에서는 파괴되지 않으며, 850℃ 이상의 연소 온도를 충분한 시간 동안(2초 이상) 유지하여야 완전히 분쇄된다. 또한 활성탄과 같은 흡착 설비나 촉매를 이용하여 다이옥신을 제거할 수도 있다.

ANSWER 6.③ 7.② 8.④ 9.①

10 전과정평가(Life Cycle Assessment ; LCA)에 대한 설명으로 옳지 않은 것은?

① 제품이 환경에 미치는 각종 부하를 원료·자원 채취부터 폐기까지의 전과정에 걸쳐 정량적으로 분석하고 평가하는 방법이다.

② 복수 제품간의 환경 오염 부하의 비교 목적으로 활용할 수 있다.

③ 목적 및 범위설정, 목록분석, 영향평가, 전과정 결과해석의 4단계로 구성되어 있다.

④ 국제표준화기구(ISO)에서 정한 환경경영시스템(EMS)에 대한 국제 규격이다.

ADVICE ISO 14000 시리즈 규격은 환경에 관련된 국제 규격기준으로, 환경경영체제(EMS, ISO 14001), 환경감사(ISO 14010 Series), 환경라벨링(EL, ISO 14020 Series), 환경성과평가(ISO 14030 Series), 전과정평가(LCA, ISO 14040) 등이 포함되어 있다. 따라서 환경경영체제(EMS)와 전과정평가(LCA)는 엄연히 다른 규격기준이다. 다만, 최근 들어 EMS 수립 시 LCA를 접목시키려는 시도가 있다.

11 소음의 마스킹 효과에 대한 설명으로 옳지 않은 것은?

① 음파의 간섭에 의해 일어난다.

② 크고 작은 두 소리를 동시에 들을 때 큰 소리만 듣고 작은 소리는 듣지 못하는 현상을 말한다.

③ 고음이 저음을 잘 마스킹 한다.

④ 두 음의 주파수가 비슷할 때는 마스킹 효과가 더 커진다.

ADVICE 방해음의 주파수가 목적음보다 높을 때보다는 낮을 때의 마스킹 양이 더 커진다. 즉, 저음이 고음을 잘 마스킹 한다.

12 1차 생산력은 1차 생산자에 의해 단위 시간당 단위 면적에서 생물량이 생산되는 속도이다. 이러한 1차 생산력을 측정하는 방법이 아닌 것은?

① 수확 측정법　　② 산소 측정법

③ 엽록체 측정법　　④ 일산화탄소 측정법

ADVICE 1차 생산력이란, 생산자의 광합성 및 화학합성에 의하여 방사 에너지가 먹이로 이용되는 유기물의 형태로 고정되는 비율을 말한다. 1차 생산력의 측정 방법에는 수확법, 산소 측정법, 이산화탄소 측정법, 엽록체 측정법, pH법 등이 있다.

13 내분비계 장애물질(Endocrine Disruptors, 환경호르몬)에 대한 설명으로 옳지 않은 것은?

① 쓰레기 소각장 등 각종 연소 시설에서 발생되는 대표적 환경호르몬은 DDT이다.

② 식품 및 음료수의 용기 내부, 병뚜껑 및 캔의 내부에서 비스페놀A가 검출된다.

③ 각종 플라스틱 가소제에서 프탈레이트류와 같은 환경호르몬이 검출된다.

④ 각종 산업용 화학물질, 의약품 및 일부 천연물질에도 내분비계 장애물질을 포함하는 것으로 거론되고 있다.

ADVICE 각종 연소 시설에서 발생되는 대표적인 환경 호르몬은 DDT가 아니라 다이옥신이다.

14 유기성 폐기물의 퇴비화에 대한 설명으로 옳은 것은?

① 퇴비화의 적정 온도는 25 ~ 35℃이다.

② pH는 9 이상이 적절하다.

③ 수분이 너무 지나치면 혐기 조건이 되기 쉬우므로 40% 이하로 유지하는 것이 바람직하다.

④ 퇴비화가 진행될수록 C/N비는 낮아진다.

ADVICE ① 퇴비화 과정 중에는 자연 발생하는 열에 의하여 온도가 적절하게 유지되나, 온도가 높거나 낮을 때에는 분해율이 저하된다. 일반적인 퇴비화 과정의 온도는 50~60℃에서 이루어지며, 탄소 분해율이 좋은 온도는 60℃로 알려져 있다.

② 퇴비화 과정에서 관찰되는 pH 범위는 5.5~8.5 사이로서, 일반적으로 초기에는 낮은 값을 유지하고 퇴비화 반응이 진행됨에 따라 약알칼리성으로 진행한다.

③ 물은 미생물의 세포 구성인자로서, 미생물은 양분을 유동 상태에서만 흡수 가능하다. 유기물 중에 수분 함량이 30% 미만일 경우 미생물의 활동에 지장을 주게 된다. 또한 함수율이 높을 경우, 산소의 확산을 저해하고 공기의 통기성을 저하시켜 반응속도가 저하된다. 보통 초기 제어 함수량은 40~60%, 하수 오니의 경우에는 60%가 최적이다.

15 생활 폐기물을 선별 후 분석하여 다음의 수분 함량 측정치를 얻었다. 전체 수분 함량[%]은?

음식폐기물 8kg(수분 80%), 종이 14kg(수분 5%), 목재 5kg(수분 20%), 정원폐기물 4kg(수분 60%), 유리 4kg(수분 5%), 흙 및 재 5kg(수분 10%)

① 18.4 ② 25.2

③ 28.0 ④ 32.5

ADVICE $(\text{혼합함수율}) = \frac{8\times0.8+14\times0.05+5\times0.2+4\times0.6+4\times0.05+5\times0.1}{8+14+5+4+4+5} = 0.28$

ANSWER 10.④ 11.③ 12.④ 13.① 14.④ 15.③

16 주변 소음이 전혀 없는 야간에 소음 레벨이 70dB인 풍력발전기 10대를 동시에 가동할 때 합성 소음 레벨 [dB]은?

① 73
② 75
③ 76
④ 80

ADVICE $PWL(\text{음향파워레벨}) = 10\log_{10}\left(\frac{W}{W_0}\right) = 70(\text{dB})$

문제에서 풍력발전기 10대를 동시에 가동한다고 하였으므로 합성 소음 레벨

$PWL' = 10\log_{10}\left(\frac{10W}{W_0}\right) + 10\log_{10}10 + 10\log_{10}\left(\frac{W}{W_0}\right) = 10 + 70 = 80(\text{dB})$

17 유해 물질에 대한 위해성 평가의 일반적인 절차를 순서대로 바르게 나열한 것은?

① 용량/반응평가 → 노출평가 → 유해성 확인 → 위해도 결정
② 노출평가 → 용량/반응평가 → 유해성 확인 → 위해도 결정
③ 유해성 확인 → 용량/반응평가 → 노출평가 → 위해도 결정
④ 노출평가 → 유해성 확인 → 용량/반응평가 → 위해도 결정

ADVICE 위해성 평가(risk assessment)란, 유해성이 있는 화학물질이 사람과 환경에 노출되는 경우 사람의 건강이나 환경에 미치는 결과를 예측하기 위해 체계적으로 검토하고 평가하는 것을 말한다. 평가 절차는 유해성 확인 → 용량/반응평가 → 노출평가 → 위해도 결정 순으로 진행된다.

18 토양 및 지하수 처리 공법에 대한 설명으로 옳지 않은 것은?

① 토양세척공법(soil washing)은 중금속으로 오염된 토양 처리에 효과적이다.
② 바이오벤팅공법(bioventing)은 휘발성이 강하거나 생분해성이 높은 유기물질로 오염된 토양 처리에 효과적이며 토양증기추출법과 연계하기도 한다.
③ 바이오스파징공법(biosparging)은 휘발성 유기물질로 오염된 불포화토양층 처리에 효과적이다.
④ 열탈착공법(thermal desorption)은 오염 토양을 굴착한 후, 고온에 노출시켜 소각이나 열분해를 통해 유해물질을 분해시킨다.

ADVICE 바이오스파징(biosparging)공법은 포화대수층에 인위적으로 산소를 공급하여 토양 내에 존재하는 토착 미생물의 활성을 촉진시켜 생분해도를 극대화하여 오염토양을 정화하는 기법으로, 휘발성 유기물질로 오염된 포화토양층 처리에 효과적이다. 불포화대수층에 적용하는 공법은 바이오벤팅공법이다.

19 환경영향평가에서 영향평가 및 대안비교를 위해 일반적으로 사용되는 방법으로 옳은 것은?

① 가치측정 방법　② 감응도분석 방법
③ 매트릭스분석 방법　④ 스코핑 방법

ADVICE 매트릭스(matrix)는 행과 열로 이루어진 두 목록들을 교차시킴으로서 자료를 시각화시키는 것을 의미한다. 매트릭스 분석은 이러한 두 가지 혹은 그 이상의 주요한 차원들의 교차로 이루어진 매트릭스를 활용하여 자료들 사이의 상호 관련성을 확인할 수 있는 자료 분석 방법으로, 환경영향평가의 중점평가인자 선정과 대안평가에 대한 이해를 시각적으로 쉽게 하여 개괄적 검토가 용이하게 하는 분석 방법이다.

※ 환경영향평가의 기법

㉠ 중점평가인자선정기법
- 체크리스트법(Cheklist Method)
- 매트릭스 분석방법(Matrix Method)
- 네트워크법(network method)
- 지도중첩법

㉡ 대안평가기법
- 비용편익분석
- 목표달성 매트릭스(the Goals-Achievement Matrix)
- 확대비용편익분석(ECBA)
- 다목적 계획기법

20 유량이 $10,000m^3/d$이고 BOD 200mg/L인 도시 하수를 처리하기 위해서 필요한 포기조의 용량은 $10,000m^3$이고 MLSS 농도는 2,000mg/L이다. 이 때 BOD 용적부하와 F/M비(BOD 슬러지 부하로 지칭하기도 함)는 각각 얼마인가?

① BOD 용적부하 : 0.20 $kg/m^3 \cdot d$, F/M비 : 0.10 kg－BOD/kg－SS · d
② BOD 용적부하 : 0.10 $kg/m^3 \cdot d$, F/M비 : 0.20 kg－BOD/kg－SS · d
③ BOD 용적부하 : 0.10 kg－BOD/kg－SS · d, F/M비 : 0.20 $kg/m^3 \cdot d$
④ BOD 용적부하 : 0.20 kg－BOD/kg－SS · d, F/M비 : 0.10 $kg/m^3 \cdot d$

ADVICE

$$(\text{BOD 용적부하}) = \frac{BOD \times Q}{V} = \frac{200mg/L \times 10,000m^3/d}{10,000m^3} \times 1,000L/m^3 \times 10^{-6}kg/mg = 0.2kg/d \cdot m^3$$

$$F/M = \frac{BOD \times Q}{VX} = \frac{200mg/L \times 10,000m^3/d}{2,000mg/L \times 10,000m^3} \times 1kg/m^3 = 0.1kg-BOD/kg-SS \cdot d$$

ANSWER 16.④ 17.③ 18.③ 19.③ 20.①

2017. 6. 24. 제2회 서울특별시 시행

1 물의 산소전달률을 나타내는 다음 식에서 보정계수 β가 나타내는 것으로 옳은 것은?

$$\frac{dO}{dt} = \alpha K_{La}(\beta C_S - C_t) \times 1.024^{T-20}$$

① 총괄산소전달계수
② 수중의 용존산소농도
③ 어느 물과 증류수의 C_S 비율(표준상태에서 시험)
④ 어느 물과 증류수의 K_{La} 비율(표준상태에서 시험)

ADVICE $\alpha = \frac{\text{폐수}K_{La}}{\text{증류수}K_{La}}$: 폐수와 증류수의 총산소이동용량계수 비율

$\beta = \frac{\text{폐수}C_S}{\text{증류수}C_S}$: 폐수와 증류수의 포화용존산소농도 비율

2 화학적 처리 중 하나인 응집에 대한 설명으로 가장 옳지 않은 것은?

① 침전이 어려운 미립자를 화학약품을 사용하여 전기적으로 중화시켜 입자의 상호 부착을 일으킨다.
② 콜로이드 입자는 중력과 제타전위(zeta potential)에 영향을 받고, Van der Waals힘에는 영향을 받지 않는다.
③ 상수처리 공정에서 일반적으로 여과 공정 이전에 적용된다.
④ 산업폐수 처리에서 중금속이나 부유물질(SS) 성분을 제거하기 위해 이용된다.

ADVICE 콜로이드 입자는 중력, 제타전위, 입자 상호 간 분산력(반데르 발스 힘) 모두의 영향을 받는다.

3 배출가스 분석 결과 CO_2=15%, CO=0%, N_2=79%, O_2=6%일 때, 최대 탄산가스율$(CO_2)_{max}$는?

① 8.4%
② 15.0%
③ 21.0%
④ 28.0%

ADVICE $CO_{2max}(\%) = \frac{21(CO_2 + CO)}{21 - O_2 + 0.395CO} = \frac{21 \times 15}{21 - 6} = 21(\%)$

4 선택적 촉매환원(SCR)은 소각로에서 발생하는 배출가스 중 어떤 물질을 처리하는 방법인가?

① 분진
② 중금속
③ 황산화물
④ 질소산화물

ADVICE SCR(Selective Catalytic Reduction, 선택적 촉매환원), SNCR(Selective Non-Catalytic Reduction, 선택적 무촉매환원), NCR(Non-Selective Catalytic Reduction, 비선택적 촉매환원) 모두 질소산화물(NOx)을 환원시켜 질소 기체로 전환시켜 처리하는 공법이다.

5 대기오염 방지시설에서 여과 집진장치에 대한 설명으로 옳지 않은 것은?

① 주요 분진 포집 메커니즘은 관성충돌, 접촉차단, 확산이다.
② 수분이나 여과속도에 대한 적응성이 높다.
③ 다양한 여재를 사용함으로써 설계 및 운영에 융통성이 있다.
④ 가스의 온도에 따라 여과재 선택에 제한을 받는다.

ADVICE 여과 집진장치는 수분이 많으면 여과포가 막히고, 여과속도에 따라 집진효율이 달라지므로 이들에 대한 적응성이 낮다. 따라서 수분이 많거나 조해성이 있는 분진, 고온 가스에 대한 처리가 어렵다.

ANSWER 1.③ 2.② 3.③ 4.④ 5.②

6 **생물막을 이용한 처리법 중 접촉산화법에 대한 설명으로 옳지 않은 것은?**

① 비교적 소규모 시설에 적합하다.

② 미생물량과 영향인자를 정상상태로 유지하기 위한 조작이 쉽다.

③ 슬러지 반송이 필요하지 않아 운전이 용이하다.

④ 고부하에서 운전 시 생물막이 비대화되어 접촉재가 막히는 경우가 발생할 수 있다.

ADVICE 접촉산화법

장점	단점
• 표면적인 큰 접촉제를 사용하여 조 내 부착생물량이 크고 생물상이 다양하고, 처리효과가 안정적임 • 유압기질의 변동 대응이 유연함 • 유지관리 및 운전이 용이함 • 분해속도가 낮은 기질제거에 효과적임 • 난분해성물질 및 유해물질에 대한 내성이 높음 • 수온의 변동에 강함 • 슬러지 반송이 필요 없고, 슬러지 발생량이 적음	• 접촉제가 조 내에 있으므로 부착생물량의 확인이 어려움 • 미생물량과 영향 인자를 정상상태(안정화상태)로 유지하기 위한 조작이 어려움 • 반응조 내 매체를 균일하게 포기 교반하는 조건 설정이 어렵고 사수부가 발생할 우려가 있음 • 매체에 생성되는 생물량은 부하조건에 따라 달라짐 • 고부하 운전 시 생물막이 비대화되어 접촉제가 막히는 경우가 있음 • 초기 건설비가 높음

7 **오염지역 내 지하수계의 동수구배(動水勾配)가 없다고 가정하는 경우, 누출된 수용성 오염물질이 지하수 내에서 확산되는 메커니즘을 설명하기 위하여 사용할 수 있는 법칙은?**

① 픽의 법칙(Fick's law)

② 다시의 법칙(Darcy's law)

③ 라울의 법칙(Raoult's law)

④ 헨리의 법칙(Henry's law)

ADVICE 픽의 제1법칙은 유체의 확산량(Flux)은 농도구배(농도 기울기, 농도차/거리)에 비례한다는 것을 기술한 법칙이다. 따라서 이를 통해 농도차가 클수록, 또한 농도가 높은 곳에서 낮은 곳으로 확산이 잘 일어난다는 것을 설명할 수 있다.

8 바닥 면이 4m × 5m이고, 높이가 3m인 방이 있다. 바닥, 벽, 천장의 흡음률이 각각 0.2, 0.4, 0.5일 때 평균흡음률은? (단, 소수점 셋째 자리에서 반올림한다.)

① 0.17
② 0.27
③ 0.38
④ 0.48

ADVICE

	표면적(S_i)	흡음률(α_i)	$S_i\alpha_i$
바닥	4×5=20	0.2	4.0
천장	4×5=20	0.5	10.0
벽	4×3×2=24 5×3×2=30	0.4	21.6
합계	94		35.6

$$(\text{평균흡음률}) = \frac{\sum_i S_i\alpha_i}{\sum_i S_i} = \frac{35.6}{94} = 0.3787 \simeq 0.38$$

9 정수처리 과정에서 이용되는 여과에 대한 설명으로 옳지 않은 것은?

① 완속여과는 부유물질 외에 세균도 제거가 가능하다.
② 급속여과는 저탁도 원수, 완속여과는 고탁도 원수의 처리에 적합하다.
③ 급속여과의 속도는 약 120~150m/d이며, 완속여과의 속도는 약 4~5m/d이다.
④ 여과지의 운전에 따라 발생하는 공극률의 감소는 여과저항 증가의 원인이 된다.

ADVICE 급속여과는 고탁도 원수, 완속여과는 저탁도 원수의 처리에 적합하다.

10 고형폐기물의 발열량에 관한 설명으로 옳지 않은 것은?

① 고위발열량은 연소될 때 생성되는 총 발열량이다.
② 저위발열량은 고위발열량에서 수증기 응축잠열을 제외한 발열량이다.
③ 소각에 대한 타당성 조사 시 저위발열량에 대한 자료가 필요하다.
④ 열량계는 저위발열량을 측정한다.

ADVICE 열량계는 고위발열량을 측정한다.

ANSWER 6.② 7.① 8.③ 9.② 10.④

11 유량이 1,000m^3/d이고, SS농도가 200mg/L인 하수가 1차침전지로 유입된다. 1차슬러지 발생량이 5m^3/d, 1차 슬러지 SS농도가 20,000mg/L라면 1차침전지의 SS제거효율은 얼마인가? (단, SS는 1차침전지에서 분해되지 않는다고 가정한다.)

① 40% ② 50%

③ 60% ④ 70%

ADVICE $(\text{제거 효율}) = 1 - \frac{C_o}{C_i} = \frac{\text{제거량}}{\text{유입량}} = \frac{5 \times 20,000}{1,000 \times 200} = 0.5 = 50\%$

12 유기물을 다량 함유하고 있으면서 산분해가 어려운 시료에 적용하기 위한 전처리법으로 옳은 것은?

① 질산법 ② 질산 – 염산법

③ 질산 – 과염소산법 ④ 질산 – 과염소산 – 불화수소산

ADVICE 산분해법

㉠ 질산법 : 유기물 함량이 적은 시료의 전처리에 사용

㉡ 질산–염산법 : 유기물 함량이 비교적 높지 않고 금속의 수산화물, 산화물, 인산염 및 황화물을 함유하고 있는 시료에 적용

㉢ 질산–황산법 : 유기물 등을 많이 함유하고 있는 대부분의 시료에 적용

㉣ 질산–과염소산법 : 유기물을 다량 함유하고 있으면서 산분해가 어려운 시료에 적용

㉤ 질산–과염소산–불화수소산 : 다량의 점토질 또는 규산염을 함유하는 시료에 적용

13 「실내공기질 관리법」에 따른 오염물질에 관한 설명으로 가장 옳지 않은 것은?

① 라돈(Rn ; Radon) : 주로 건축자재를 통하여 인체에 영향을 미치며, 화학적으로는 거의 반응을 일으키지 않고, 흙 속에서 방사선 붕괴를 일으킨다.

② 폼알데하이드(Formaldehyde) : 자극성 냄새를 갖는 무색의 기체이며, 36.0%~38.0% 수용액은 포르말린이라고 한다.

③ 석면(Asbestos) : 가늘고 긴 강한 섬유상으로 내열성, 불활성, 절연성이 좋고, 발암성은 청석면 > 아모싸이트 > 온석면순이다.

④ 휘발성유기화합물(VOCs ; Volatile Organic Compounds) : 가장 독성이 강한 것은 에틸벤젠이며, 다음은 톨루엔, 자일렌순으로 강하다.

ADVICE VOC 독성의 순서 … 톨루엔 > 자일렌 > 에틸벤젠

14 함수율 99%인 하수처리 슬러지를 탈수하여 함수율 70%로 낮추면, 탈수된 슬러지의 최종 부피는 탈수 전의 부피(V_0)대비 얼마로 줄어드는가? (단, 슬러지의 비중은 탈수 전이나 후에도 변함없이 1이라고 가정한다.)

① $\frac{1}{5}V_0$ ② $\frac{1}{10}V_0$

③ $\frac{1}{20}V_0$ ④ $\frac{1}{30}V_0$

ADVICE $SL_1 \times (1-X_{w1}) = SL_2 \times (1-X_{w2})$

$V_0 \times (1-0.99) = SL_2 \times (1-0.7)$

$SL_2 = \frac{1}{30}V_0$

15 굴뚝에서 오염물질이 배출될 때, 지표 최대착지농도를 $\frac{1}{4}$로 줄이고자 한다면, 유효굴뚝 높이를 몇 배로 해야 하는가?(단, 배출량과 풍속은 일정한 것으로 가정한다.)

① $\frac{1}{4}$배 ② $\frac{1}{2}$배

③ 2배 ④ 4배

ADVICE $C_{\max} = \frac{2Q}{H_e^2 \pi e U} \times \left(\frac{C_z}{C_y}\right)$에서 $C_{\max} \propto \frac{1}{(\text{유효굴뚝높이})^2}$이다. 문제에서 지표 최대착지농도를 1/4로 하려고 하였으므로 유효굴뚝높이는 2배로 하여야 한다.

16 대기 중의 광화학 스모그 또는 광화학 반응에 직접적으로 관계되는 오염물질이 아닌 것은?

① 암모니아(NH_3) ② 일산화질소(NO)

③ 휘발성유기화합물(VOCs) ④ 퍼옥시아세틸니트레이트(PAN)

ADVICE 암모니아는 광화학스모그 생성과 관련이 없다.

ANSWER 11.② 12.③ 13.④ 14.④ 15.③ 16.①

17 「대기환경보전법」상의 특정대기유해물질로 옳지 않은 것은?

① 오존
② 불소화물
③ 사이안화수소
④ 다이클로로메테인

ADVICE 대기환경보전법 시행규칙 [별표 2] 특정대기유해물질(제4조 관련)

1. 카드뮴 및 그 화합물
2. 시안화수소
3. 납 및 그 화합물
4. 폴리염화비페닐
5. 크롬 및 그 화합물
6. 비소 및 그 화합물
7. 수은 및 그 화합물
8. 프로필렌 옥사이드
9. 염소 및 염화수소
10. 불소화물
11. 석면
12. 니켈 및 그 화합물
13. 염화비닐
14. 다이옥신
15. 페놀 및 그 화합물
16. 베릴륨 및 그 화합물
17. 벤젠
18. 사염화탄소
19. 이황화메틸
20. 아닐린
21. 클로로포름
22. 포름알데히드
23. 아세트알데히드
24. 벤지딘
25. 1,3-부타디엔
26. 다환 방향족 탄화수소류
27. 에틸렌옥사이드
28. 디클로로메탄
29. 스틸렌
30. 테트라클로로에틸렌
31. 1,2-디클로로에탄
32. 에틸벤젠
33. 트리클로로에틸렌
34. 아크릴로니트릴
35. 히드라진

18 침전지 내에서 용존산소가 부족하거나 BOD부하가 과대한 폐수처리 시 사상균의 지나친 번식으로 나타나는 활성슬러지처리의 운영상 문제점으로 가장 옳은 것은?

① Pin-floc 현상
② 과도한 흰 거품 발생
③ 슬러지 부상(Sludge rising)
④ 슬러지 팽화(Sludge bulking)

ADVICE ① Pin-floc 현상 : 사상균이 거의 없을 때, SVI가 50 이하일 때 발생
② 과도한 흰 거품 : 폭기량이 너무 많거나 SRT가 짧을 때 발생
③ 슬러지 부상 : 폭기시간이 길거나, 질산화가 많이 진행되었을 경우, 침전지 슬러지의 인발이 원활히 이루어지지 않을 때 발생

19 공장폐수에 대해 미생물 식종(seeding)법으로 생물화학적 산소요구량(BOD)을 측정하고자 한다. 식종희석수의 초기 용존산소(DO)는 9.2mg/L였으며, 식종희석수만을 300mL BOD병에 5일 간 배양한 후 DO는 8.6mg/L이었다. 실제시료의 BOD 측정을 위해 공장폐수와 식종희석수를 혼합하여 다음 표와 같이 2가지 희석 배율로 테스트를 진행하였을 때, 해당 폐수의 BOD는? (단, 실험은 수질오염공정시험기준에 따르며, DO는 용존산소-전극법에 따라 측정하였다.)

실험	폐수 시료량(mL)	식종희석수량(mL)	초기 DO(mg/L)	5일 후 최종 DO(mg/L)
#1	50	250	9.2	3.7
#2	100	200	9.1	0.1

① 27.0mg/L
② 27.7mg/L
③ 30.0mg/L
④ 32.4mg/L

ADVICE $\text{BOD} = [(\text{DO}_i - \text{DO}_f) - (B_i - B_f) \times f] \times P$

$= [(9.2-3.7) - (9.2-8.6) \times \frac{250}{250+50}] \times \frac{300}{50} = 30$

P : 희석배율 (=희석시료량/시료량)

f : 희석시료 중 식종액 함유율과 희석된 식종액 중의 식종액 함유율의 비

DO_i : 초기 용존산소 농도

DO_f : 5일 배양 후 용존산소 농도

B_i : 식종희석수의 초기 용존산소 농도

B_f : 식종희석수의 5일 배양 후 용존산소 농도

ANSWER 17.① 18.④ 19.③

20 토양 내에서 오염물질의 이동에 대한 설명으로 옳지 않은 것은?

① 투수계수가 낮은 점토 토양에서 침출이 잘 일어난다.

② 토양 공극 내에서 농도구배에 의해 오염물질이 이동하는 현상을 확산(diffusion)이라고 한다.

③ 토양 공극의 불균질성으로 인해 물질 이동 경로의 불규칙성과 토양 공극 사이 이동 속도의 차이로 인해 분산(dispersion)이 일어나게 된다.

④ 양전하를 가진 분자는 음전하를 띤 토양에 흡착되어 이동이 지체된다.

ADVICE 투수계수가 높은 토양에서 침출이 잘 된다.

2017. 12. 16. 지방직 추가선발 시행

1 **일반적인 가정하수의 BOD 측정 방법과 지표로서의 특성에 관한 설명으로 적절하지 않은 것은?**

① BOD는 물 속의 유기물량을 표시하기 위하여 사용되는 대표적인 지표 항목이다.

② 시료를 혐기성 조건에서 배양하여 유기물을 분해하는 과정에서 소모된 산소량을 측정하는 방법이다.

③ 시료 중의 유기물 분해가 거의 종료되면 질소화합물의 산화가 일어나 산소를 소모하므로 질소 성분을 다량 함유한 시료는 질산화 억제제를 별도로 첨가한다.

④ 가정하수의 경우 20℃에서 일반적으로 5일이 경과되면 60 ~ 70%, 20일이 경과되면 95 ~ 99%의 유기물이 분해된다.

ADVICE 시료를 호기성 조건에서 배양하여 유기물을 분해하는 과정에서 소모된 산소량을 측정하는 방법이다.

2 **비산먼지 저감 대책에 대한 설명으로 옳지 않은 것은?**

① 도로의 경우 비포장도로와의 접속 구간에는 세륜장치를 설치하고, 포장도로 인접 지역은 녹지화로 바람에 의한 먼지 발생원을 제거한다.

② 먼지를 다량 배출하는 업소의 경우 분쇄기, 저장 싸이로와 같은 먼지 발생 시설을 개방하여 먼지 양을 희석할 수 있도록 조치해야 한다.

③ 공사장의 비산먼지 저감을 위하여 먼지 발생 주변에 방진망을 설치함으로써 인근 주민을 비산먼지로부터 보호해야 한다.

④ 야적장 비산먼지 발생 억제를 위하여 야적물에 대한 표면 경화제 또는 보습제 살포 등을 실시한다.

ADVICE 분쇄기나 저장 싸이로와 같은 먼지 발생 시설을 개방하면 포집된 먼지가 배출되어 대기 중 비산먼지 농도가 높아지므로 타당한 비산먼지 저감 대책이 될 수 없다.

ANSWER 20.① / 1.② 2.②

3 「폐기물관리법 시행령」상 지정폐기물은?

① 폐유기용제

② 폐목재

③ 금속 조각

④ 동물의 분뇨

ADVICE 폐기물관리법 시행령 [별표 1]지정폐기물의 종류(제3조 관련)

1. 특정시설에서 발생되는 폐기물
   가. 폐합성 고분자화합물
      1) 폐합성 수지(고체상태의 것은 제외한다)
      2) 폐합성 고무(고체상태의 것은 제외한다)
   나. 오니류(수분함량이 95퍼센트 미만이거나 고형물함량이 5퍼센트 이상인 것으로 한정한다)
      1) 폐수처리 오니(환경부령으로 정하는 물질을 함유한 것으로 환경부장관이 고시한 시설에서 발생되는 것으로 한정한다)
      2) 공정 오니(환경부령으로 정하는 물질을 함유한 것으로 환경부장관이 고시한 시설에서 발생되는 것으로 한정한다)
   다. 폐농약(농약의 제조·판매업소에서 발생되는 것으로 한정한다)
2. 부식성 폐기물
   가. 폐산(액체상태의 폐기물로서 수소이온 농도지수가 2.0 이하인 것으로 한정한다)
   나. 폐알칼리(액체상태의 폐기물로서 수소이온 농도지수가 12.5 이상인 것으로 한정하며, 수산화칼륨 및 수산화나트륨을 포함한다)
3. 유해물질함유 폐기물(환경부령으로 정하는 물질을 함유한 것으로 한정한다)
   가. 광재(鑛滓)[철광 원석의 사용으로 인한 고로(高爐)슬래그(slag)는 제외한다]
   나. 분진(대기오염 방지시설에서 포집된 것으로 한정하되, 소각시설에서 발생되는 것은 제외한다)
   다. 폐주물사 및 샌드블라스트 폐사(廢砂)
   라. 폐내화물(廢耐火物) 및 재벌구이 전에 유약을 바른 도자기 조각
   마. 소각재
   바. 안정화 또는 고형화·고화 처리물
   사. 폐촉매
   아. 폐흡착제 및 폐흡수제[광물유·동물유 및 식물유{폐식용유(식용을 목적으로 식품 재료와 원료를 제조·조리·가공하는 과정, 식용유를 유통·사용하는 과정 또는 음식물류 폐기물을 재활용하는 과정에서 발생하는 기름을 말한다. 이하 같다)는 제외한다}의 정제에 사용된 폐토사(廢土砂)를 포함한다]
   자. 삭제 〈2020. 7. 21.〉
4. 폐유기용제
   가. 할로겐족(환경부령으로 정하는 물질 또는 이를 함유한 물질로 한정한다)
   나. 그 밖의 폐유기용제(가목 외의 유기용제를 말한다)

5. 폐페인트 및 폐래커(다음 각 목의 것을 포함한다)

가. 페인트 및 래커와 유기용제가 혼합된 것으로서 페인트 및 래커 제조업, 용적 5세제곱미터 이상 또는 동력 3마력 이상의 도장(塗裝)시설, 폐기물을 재활용하는 시설에서 발생되는 것

나. 페인트 보관용기에 남아 있는 페인트를 제거하기 위하여 유기용제와 혼합된 것

다. 폐페인트 용기(용기 안에 남아 있는 페인트가 건조되어 있고, 그 잔존량이 용기 바닥에서 6밀리미터를 넘지 아니하는 것은 제외한다)

6. 폐유[기름성분을 5퍼센트 이상 함유한 것을 포함하며, 폴리클로리네이티드비페닐(PCBs)함유 폐기물, 폐식용유와 그 잔재물, 폐흡착제 및 폐흡수제는 제외한다]

7. 폐석면

가. 건조고형물의 함량을 기준으로 하여 석면이 1퍼센트 이상 함유된 제품 · 설비(뿜칠로 사용된 것은 포함한다) 등의 해체 · 제거 시 발생되는 것

나. 슬레이트 등 고형화된 석면 제품 등의 연마 · 절단 · 가공 공정에서 발생된 부스러기 및 연마 · 절단 · 가공 시설의 집진기에서 모아진 분진

다. 석면의 제거작업에 사용된 바닥비닐시트(뿜칠로 사용된 석면의 해체 · 제거작업에 사용된 경우에는 모든 비닐시트) · 방진마스크 · 작업복 등

8. 폴리클로리네이티드비페닐 함유 폐기물

가. 액체상태의 것(1리터당 2밀리그램 이상 함유한 것으로 한정한다)

나. 액체상태 외의 것(용출액 1리터당 0.003밀리그램 이상 함유한 것으로 한정한다)

9. 폐유독물질[「화학물질관리법」 제2조 제2호의 유독물질을 폐기하는 경우로 한정하되, 제1호 다목의 폐농약(농약의 제조 · 판매업소에서 발생되는 것으로 한정한다), 제2호의 부식성 폐기물, 제4호의 폐유기용제, 제8호의 폴리클로리네이티드비페닐 함유 폐기물 및 제11호의 수은폐기물은 제외한다]

10. 의료폐기물(환경부령으로 정하는 의료기관이나 시험 · 검사 기관 등에서 발생되는 것으로 한정한다)

10의2. 천연방사성제품폐기물[「생활주변방사선 안전관리법」 제2조 제4호에 따른 가공제품 중 같은 법 제15조 제1항에 따른 안전기준에 적합하지 않은 제품으로서 방사능 농도가 그램당 10베크렐 미만인 폐기물을 말한다. 이 경우 가공제품으로부터 천연방사성핵종(天然放射性核種)을 포함하지 않은 부분을 분리할 수 있는 때에는 그 부분을 제외한다]

11. 수은폐기물

가. 수은함유폐기물[수은과 그 화합물을 함유한 폐램프(폐형광등은 제외한다), 폐계측기기(온도계, 혈압계, 체온계 등), 폐전지 및 그 밖의 환경부장관이 고시하는 폐제품을 말한다]

나. 수은구성폐기물(수은함유폐기물로부터 분리한 수은 및 그 화합물로 한정한다)

다. 수은함유폐기물 처리잔재물(수은함유폐기물을 처리하는 과정에서 발생되는 것과 폐형광등을 재활용하는 과정에서 발생되는 것을 포함하되, 「환경분야 시험 · 검사 등에 관한 법률」 제6조 제1항 제7호에 따라 환경부장관이 고시한 폐기물 분야에 대한 환경오염공정시험기준에 따른 용출시험 결과 용출액 1리터당 0.005밀리그램 이상의 수은 및 그 화합물이 함유된 것으로 한정한다)

12. 그 밖에 주변환경을 오염시킬 수 있는 유해한 물질로서 환경부장관이 정하여 고시하는 물질

ANSWER 3.①

4 **염소 소독 공정에서 염소에 관한 설명으로 옳지 않은 것은?**

① 차아염소산(HOCl) 및 차아염소산이온(OCl^-)으로 존재하는 염소를 유리염소라고 한다.

② pH가 낮을수록 차아염소산이온(OCl^-) 형태로 존재하는 비율이 높아지고, pH가 높을수록 차아염소산(HOCl) 형태로 존재하는 비율이 높아진다.

③ 차아염소산(HOCl)이 차아염소산이온(OCl^-)에 비하여 살균 효율이 높다.

④ 차아염소산(HOCl)이 수중의 암모니아와 결합하면 클로라민이 생성된다.

ADVICE 차아염소산의 이온화(해리)상수(K) 식에서 주변의 온도가 일정하다는 가정에서 pH가 높을수록 차아염소산이온(OCl^-) 형태로 존재하는 비율이 높아지고, pH가 낮을수록 차아염소산(HOCl) 형태로 존재하는 비율이 높아진다.

$HOCl \rightleftharpoons H^+ + OCl^-$ $K=\frac{[H^+][OCl^-]}{[HOCl]}$ = 일정(같은 온도)

– 낮은 pH → $[H^+]$ 농도 증가 → [HOCl] 대비 $[OCl^-]$ 농도 감소

– 높은 pH → $[H^+]$ 농도 감소 → [HOCl] 대비 $[OCl^-]$ 농도 증가

5 **어떤 폐수처리장에서 BOD 400mg/l의 폐수가 1,000m^3/day로 유입되고, BOD 1,000mg/l의 슬러지 탈수액이 200m^3/day로 유입될 때, 최종 방류수의 BOD가 50mg/l였다면 BOD 제거율[%]은?**

① 80　　② 85

③ 90　　④ 95

ADVICE 폐수처리장의 유입농도 $C_0=\frac{400\times1,000+1,000\times200}{1,000+200}=500mg/L$

(BOD 제거율) $=1-\frac{C_o}{C_i}=1-\frac{50}{500}=0.9=90\%$

6 수중의 암모니아성 질소를 탈기하기 위하여 pH를 10.25로 높였을 때 암모니아 가스의 비율 $\{NH_3(\%) = \frac{[NH_3]}{[NH_4^+]+[NH_3]} \times 100\}$은 약 얼마인가?

(단, $NH_4^+ \rightleftarrows NH_3 + H^+$ 반응의 평형상수는 $K_a = \frac{[NH_3][H^+]}{[NH_4^+]} = 10^{-9.25}$이며 [ ]는 몰 농도를 나타낸다)

① 81 ② 86

③ 91 ④ 99

ADVICE $K_a = \frac{[NH_3][H^+]}{[NH_4^+]} = 10^{-9.25}$에서 $\frac{[NH_4^+]}{[NH_3]} = \frac{[H^+]}{10^{-9.25}}$

$[H^+] = 10^{-pH} = 10^{-10.25}M$

$$NH_3(\%) = \frac{[NH_3]}{[NH_3]+[NH_4^+]} \times 100 = \frac{1}{1+\frac{[NH_4^+]}{[NH_3]}} \times 100 = \frac{1}{1+\frac{10^{-10.25}}{10^{-9.25}}} \times 100$$

$$= \frac{1}{1+0.1} \times 100 = 90.9(\%)$$

7 부영양화를 제어하기 위하여 생물학적으로 질소를 제거하고자 하는 탈질(Denitrification) 공정에 대한 설명으로 옳지 않은 것은?

① 알칼리도가 소모된다.

② 유기물이 필요하다.

③ 무산소(anoxic) 환경이 조성되어야 한다.

④ 질산이온이나 아질산이온을 질소 가스로 변화시켜 제거하는 공정이다.

ADVICE 탈질 반응식 $2NO_3^- + 5H_2 \rightarrow N_2 + \underline{2OH^-} + 4H_2O$에서, 탈질 과정에서 알칼리성을 내는 물질인 OH^-가 생성되므로 알칼리도가 증가한다.

ANSWER 4.② 5.③ 6.③ 7.①

8 온실효과를 일으키는 잠재력을 표현한 값인 온난화지수(Global warming potential : GWP)가 큰 것부터 순서대로 바르게 나열한 것은?

① $SF_6 > N_2O > CH_4 > CO_2$

② $CH_4 > CO_2 > SF_6 > N_2O$

③ $N_2O > SF_6 > CO_2 > CH_4$

④ $CH_4 > N_2O > SF_6 > CO_2$

ADVICE 지구온난화지수(GWP : Global Warming Potential)는 이산화탄소가 지구온난화에 미치는 영향을 기준으로 다른 온실가스가 지구온난화에 기여하는 정도를 나타낸 것으로, 단위 질량 당 온난화 효과를 지수화한 것이다. 교토 의정서는 온실가스 배출량 계산에 이 지구온난화지수를 사용하고 있다.

※ 크기 순위 … 이산화탄소(CO_2) (1) < 메탄(CH_4) (21) < 아산화질소(N_2O) (310) < 수소불화탄소(HFC) (1,300) < 육불화황(SF_6) (23,900)

9 굴뚝 측정공 위치에서 연기의 속도가 10m/sec, 굴뚝 높이에서의 평균 풍속이 180m/min일 때, 굴뚝 연기의 유효 상승높이가 10m라면 굴뚝의 직경 크기[m]는? (단, Holland식을 이용, 대기안정도는 중립상태이며, 굴뚝의 열배출속도(Q_H)는 무시한다)

① 1.0 ② 1.5

③ 2.0 ④ 2.5

ADVICE Holland 식

$$\Delta h = \frac{V_s d_s}{u_s}\left[1.5 + 2.68 \times 10^{-3} P d_s \left(\frac{T_s - T_a}{T_s}\right)\right]$$

$$= \frac{V_s d_s}{u_s}\left[1.5 + 0.0096 Q_h / V_s d_s\right]$$

V_s : 배출가스 속도(m/s), d_s : 굴뚝 직경(m), u_s : 풍속(m/s), P : 대기압(hPa), T_s : 배출연기온도, T_a : 주변 대기온도, Q_h : 굴뚝의 열배출속도

$$\Delta h = 1.5 \times 10\text{m/s} \times \frac{d}{3\text{m/s}} = 10\text{m}$$

$\therefore\ d = 2\text{m}$

10 광화학스모그에 대한 설명으로 옳지 않은 것은?

① 로스앤젤레스형 스모그라고 한다.

② 알데히드(RCHO)는 광화학스모그 성분 중 하나이다.

③ 광화학반응에 의해 NO_2는 오존을 생성한다.

④ 광화학스모그는 여름철 저녁 시간에 주로 발생한다.

ADVICE 광화학스모그는 햇빛이 강한 여름철 낮 시간에 주로 발생한다.

11 내분비계 장애물질에 대한 설명으로 옳지 않은 것은?

① DDT(Dichloro-diphenyl-trichloroethane)는 살충제로 사용되었으며 생물의 번식을 방해하는 물질이다.

② 환경호르몬인 DES(Diethyl-stilbestrol)는 자연적인 에스트로겐보다 강력한 세포 반응을 유발한다.

③ 비스페놀 A(Bisphenol A)는 캔 내부 코팅질 등에서 검출된다.

④ 다이옥신은 소각로가 위치한 곳에서 주로 유기화합물의 연소에 의해 발생되며, 화학적으로 매우 불안정하여 단백질 수용체와 결합하여 암을 발생시킨다.

ADVICE 다이옥신은 화학적으로 매우 안정한 물질으로 850℃ 이상의 연소 온도를 충분한 시간 동안(2초 이상) 유지하여야 완전히 분해된다.

12 생물들 간의 상호 작용에 대한 설명으로 옳지 않은 것은?

① 생물들이 서로 협력하여 서로 이익이 되는 것을 상리공생이라고 한다.

② 한쪽 생물만 이익을 얻고, 다른 생물은 피해를 입는 것을 기생이라고 한다.

③ 콩과식물과 뿌리혹박테리아는 대표적인 편리공생의 예이다.

④ 식물은 빛을 서로 빼앗고, 동물은 먹이나 생식지를 서로 빼앗는 현상을 경쟁이라고 한다.

ADVICE 공생(共生, symbiosis)이란 생물학 관점에서 각기 다른 두 개나 그 이상 수의 종이 서로 영향을 주고받는 관계를 일컫는다. 뿌리혹박테리아는 콩과식물에 기생하는 관계이다.

※ 공생 현상의 유형

㉠ 상리공생(相利共生, Mutualism) : 쌍방의 생물종이 공생 관계에서 모두 이익을 얻을 경우

㉡ 편리공생(片利共生, Commensalism) : 한쪽만이 이익을 얻고, 다른 한쪽은 아무 영향이 없는 경우

㉢ 편해공생(片害共生, Amensalism) : 한쪽만이 피해를 입고, 다른 한쪽은 아무 영향이 없는 경우

㉣ 기생(寄生, Parasitism) : 한쪽에만 이익이 되고, 상대방이 피해를 입는 경우

ANSWER 8.① 9.③ 10.④ 11.④ 12.③

13 토양오염 정화 공정이 아닌 것은?

① 토양세척
② 고형화/안정화
③ 열탈착
④ 토양매몰

ADVICE 토양오염 정화 기술의 분류

분류		오염토양 정화 기술
비원위치(EX situ) 기술	물리적 방법	소각법(Incineration) 열탈착법(Thermal Desorption) 토양증기추출법(Soil Vapor Extraction) 분급법(Mechanical Separation) 굴착폐기(Excavation and Disposal)
	화학적 방법	토양세척법(Soil Washing) 고형화 및 안정화(Solidfication and Stabilization) 탈염화법(Dehalogenation) 용제 추출법(Solvent Extraction) 화학적 산화 및 환원법(Chemical Reduction/Oxidation)
	생물학적방법	경작법(Landfarming) 생반응법(Bioreactors)
원위치(In situ) 기술	물리적 방법	토양증기추출법(SVE : Soil Vapor Extraction) 가열토양증기추출법(Thermally-enhenced SVE) 차폐 및 반응벽체(Containment/Reactive Walls/Barriers) 전기 개선법(Electroreclamation) 매립 차폐법(Landfill Cap)
	화학적 방법	토양세척법(Soil Washing) 고형화 및 안정화(Solidfication and Stabilization)
	생물학적방법	생분해법(Bioremediation) 식물정화법(Phytoremediation) 자연저감법(Natural Attenuation)

14 초기 수분 함량이 80%인 폐기물 1kg을 건조시킨 후, 수분 함량이 50%가 되도록 하였다. 건조 후 폐기물의 질량[kg]은?

① 0.2
② 0.4
③ 0.5
④ 1.0

ADVICE 초기 수분함량이 80%인 폐기물의 1kg은 폐기물 건조중량 0.2kg과 수분 0.8kg으로 구성되어 있다. 전체 수분 함량을 50%로 만들기 위해서는 폐기물 건조중량만큼 수분이 있어야 하므로(폐기물 건조중량과 수분이 1 : 1의 비율로 존재), 구하고자 하는 폐기물의 질량은 0.2×2=0.4kg을 얻는다.

15 음압레벨(SPL)을 계산하는 식으로 옳은 것은? (단, P_0는 기준 음압, P는 대상 음압의 실효치이다)

① $10\log_{10}\left(\frac{P_0}{P}\right)$
② $20\log_{10}\left(\frac{P}{P_0}\right)$
③ $20\log_{10}\left(\frac{P_0}{P}\right)$
④ $20\log_{10}\left(\frac{P}{P_0}\right)^2$

ADVICE 음의 세기레벨(Sound Intensity Level) $\text{SIL} = 10 \cdot \log_{10}\frac{I}{I_o}$

음압레벨(Sound Pressure Level) $\text{SPL} = 10\log_{10}\left(\frac{P}{P_o}\right)^2 = 20\log_{10}\frac{P}{P_o}$

음향파워레벨(Sound PoWer Level) $\text{PWL} = 10\log_{10}\frac{W}{W_0}$

16 총고형물(Total solids : TS)이 70%, 총고정성 고형물(Total fixed solids : TFS)이 49%, 총용존성 고형물(Total dissolved solids : TDS)이 18%, 휘발성 부유고형물(Volatile suspended solids : VSS)이 13%일 때 고정성 부유고형물(Fixed suspended solids : FSS)의 비율[%]은?

① 39
② 45
③ 55
④ 62

ADVICE TS = TDS + TSS 관계에서 70% = 18% + TSS ∴ TSS = 52%
TSS = VSS + FSS 관계에서 52% = 13% + FSS ∴ FSS = 39%

ANSWER 13.④ 14.② 15.② 16.①

17 다른 두 음원에서 발생한 소음을 수음자 위치에서 측정한 음압레벨이 각각 60dB과 70dB이었다. 이 때, 두 소음의 합성 음압레벨[dB]은? (단, $\log(11 \times 10^5) = 6.04$, $\log(11 \times 10^6) = 7.04$, $\log(6.5 \times 10^6) = 6.81$, $\log(6.5 \times 10^7) = 7.81$이다)

① 60.4 ② 68.1

③ 70.4 ④ 78.1

ADVICE $dB = 10\log(10^{dB/10} + 10^{dB/10}) = 10\log(10^6 + 10^7) = 10\log(11 \times 10^6) = 10 \times 7.04 = 70.4dB$

18 수질 분석 결과, 칼슘(M.W. = 40)과 마그네슘(M.W. = 24) 이온이 동일한 농도[mg/l]로 나타났다. 이 때, 총경도가 66mg/l as $CaCO_3$(M.W. = 100)라면 칼슘의 농도[mg/l]는 약 얼마인가? (단, 시료 내 다른 경도 유발물질은 존재하지 않는다)

① 2 ② 5

③ 7 ④ 10

ADVICE $[Ca^{2+}] = [Mg^{2+}] = x\,mg/l$ 라고 두면,

$$[Ca^{2+} \text{ as } CaCO_3] = x\,mg/l \times \frac{1meq}{20mg\ Ca^{2+}} \times \frac{50mg\ CaCO_3}{1meq} = \frac{5x}{2} mg/l$$

$$[Mg^{2+} \text{ as } CaCO_3] = x\,mg/l \times \frac{1meq}{12mg\ Mg^{2+}} \times \frac{50mg\ CaCO_3}{1meq} = \frac{25x}{6} mg/l$$

총경도 $= [Ca^{2+} \text{ as } CaCO_3] + [Mg^{2+} \text{ as } CaCO_3]$ 관계식에서

$$66 = \frac{5}{2}x + \frac{25}{6}x = \frac{20}{3}x$$

$$\therefore\ x = 9.9mg/l$$

19 폐기물의 퇴비화(Composting)에 대한 설명으로 옳지 않은 것은?

① 퇴비화는 미생물에 의해서 유기물을 분해시키고, 분해를 촉진하기 위해서는 적당한 크기로 폐기물을 분쇄하여야 한다.

② 호기성 퇴비화는 반응 속도가 빨라 퇴비 생산 기간을 단축시킨다.

③ 퇴비화는 공기 주입, 혼합, 온도 조절이 필요 조건이며 수분이 함유되어 있어야 한다.

④ 잎사귀와 옥수숫대, 볏짚단과 종이는 C/N비가 낮으나 퇴비화가 종료된 후에는 이 값이 상승한다.

ADVICE 낙엽이나 볏짚, 목편칩, 수피, 종이, 톱밥 등은 상대적으로 C/N비가 높으며, 퇴비화 과정에서 C/N비가 감소한다.

20 토양 산성화의 영향에 대한 설명으로 옳지 않은 것은?

① 토양이 산성화 되면 토양 내의 Al^{3+}과 Mn^{2+}이 용해되어 작물에 유해하게 된다.

② 산성토양에서는 미생물의 활동이 저하되어 토양이 노후화된다.

③ 산성토양에서는 Al^{3+}의 활성화가 저하되며 인산과 결합하지 않는다.

④ 산성토양에서는 토양 내의 Ca^{2+}이 유출되어 토양에서 Ca^{2+}의 결핍이 생긴다.

ADVICE 산성토양에서는 Al^{3+}이 용출되어 Al^{3+}의 활성화가 증가된다.

ANSWER 17.③ 18.④ 19.④ 20.③

2018. 5. 19. 제1회 지방직 시행

1 다음 글에서 설명하는 것은?

> 지구 생태계의 가장 기본적인 에너지원은 태양광이다. 이 태양광 중 엽록체가 광합성을 할 때 흡수하는 주된 파장 부분을 일컫는다.

① 방사선
② 자외선
③ 가시광선
④ 적외선

ADVICE 태양광 중 엽록체가 광합성을 할 때 흡수하는 주된 파장은 400~700nm으로 이는 주로 가시광선 영역에 포함된다.

2 독립 침강하는 구형(spherical) 입자 A와 B가 있다. 입자 A의 지름은 0.10mm이고 비중은 2.0, 입자 B의 지름은 0.20mm이고 비중은 3.0이다. 입자 A의 침강 속도가 0.0050m/s일 때, 동일한 유체에서 입자 B의 침강 속도[m/s]는? (단, 두 입자의 침강 속도는 스토크스(Stokes) 법칙을 따른다고 가정하며, 유체의 밀도는 1,000kg/m^3이다)

① 0.015
② 0.020
③ 0.030
④ 0.040

ADVICE

$$V_g = \frac{d_p{}^2(\rho_p - \rho_w)g}{18\mu}$$

$$\frac{V_A}{V_B} = \frac{\frac{(0.1)^2(2-1)g}{18\mu}}{\frac{(0.2)^2(3-1)g}{18\mu}} = \frac{0.01}{0.04\times 2} = \frac{0.005}{V_B}$$

$$\therefore\ V_B = 0.04(\text{m/s})$$

3 **수처리 공정에서 침전 현상에 대한 설명으로 옳지 않은 것은?**

① 제1형 침전 – 입자들은 다른 입자들의 영향을 받지 않고 독립적으로 침전한다.

② 제2형 침전 – 입자들끼리 응집하여 플록(floc) 형태로 침전한다.

③ 제3형 침전 – 입자들이 서로 간의 상대적인 위치(깊이에 따른 입자들의 위 아래 배치 순서)를 크게 바꾸면서 침전한다.

④ 제4형 침전 – 고농도의 슬러지 혼합액에서 압밀에 의해 일어나는 침전이다.

ADVICE 제3형 침전 … 입자들이 서로 간의 상대적인 위치(깊이에 따른 입자들의 위 아래 배치 순서)를 바꾸지 않고 침전한다.

4 **음의 세기 레벨(sound intensity level, SIL) 공식은? (단, SIL은 dB 단위의 음의 세기 레벨, I는 W/m^2 단위의 음의 세기, I_o는 기준 음의 세기로서 10^{-12} W/m^2이다)**

① $SIL = \log_{10}\frac{I_o}{I}$

② $SIL = \log_{10}\frac{I}{I_o}$

③ $SIL = 10 \cdot \log_{10}\frac{I_o}{I}$

④ $SIL = 10 \cdot \log_{10}\frac{I}{I_o}$

ADVICE $SIL = 10 \cdot \log_{10}\frac{I}{I_o}$

단, SIL은 dB 단위의 음의 세기 레벨, I는 W/m^2 단위의 음의 세기, I_o는 기준 음의 세기로서 10^{-12} W/m^2

5 **지표 미생물에 대한 설명으로 옳지 않은 것은?**

① 총 대장균군(total coliforms)은 락토스(lactose)를 발효시켜 35℃에서 48시간 내에 기체를 생성하는 모든 세균을 포함한다.

② 총 대장균군은 호기성, 통성 혐기성, 그람 양성 세균들이다.

③ *E. coli*는 총 대장균군에도 속하고 분변성 대장균군에도 속한다.

④ 분변성 대장균군은 온혈 동물의 배설물 존재를 가리킨다.

ADVICE 총 대장균군은 호기성, 통성 혐기성, 그람 음성 세균들이다.

ANSWER 1.③ 2.④ 3.③ 4.④ 5.②

6 액체 연료의 고위발열량이 11,000kcal/kg이고 저위발열량이 10,250kcal/kg이다. 액체 연료 1.0kg이 연소될 때 생성되는 수분의 양[kg]은? (단, 물의 증발열은 600kcal/kg이다)

① 0.75
② 1.00
③ 1.25
④ 1.50

ADVICE $H_l = H_h -$ (물의 증발잠열)

10,250 = 11,000 − (물의 증발잠열)

(물의 증발잠열) = 750 kcal

(수분량) $= 750\text{kcal} \times \frac{1\text{kg}}{600\text{kcal}} = 1.25\text{kg}$

7 음속에 대한 설명으로 옳지 않은 것은?

① 공기의 경우 0℃, 1기압에서 약 331m/s이다.
② 공기 온도가 상승하면 음속은 감소한다.
③ 물속에서 온도가 상승하면 음속은 증가한다.
④ 마하(Mach) 수는 공기 중 물체의 이동 속도와 음속의 비율이다.

ADVICE ② 음속과 온도와의 관계 $C(\text{m/s}) = 331.42 + (0.6 \times t)$ (t : 섭씨 온도)에서 공기 온도가 상승하면 음속은 증가한다.

④ 마하 수 $M = \frac{v_{물체}}{v_{음속}}$

8 펌프의 공동 현상(cavitation)에 대한 설명으로 옳지 않은 것은?

① 펌프의 내부에서 급격한 유속의 변화, 와류 발생, 유로 장애 등으로 인하여 물속에 기포가 형성되는 현상이다.

② 펌프의 흡입손실수두가 작을 경우 발생하기 쉽다.

③ 공동 현상이 발생하면 펌프의 양수 기능이 저하된다.

④ 공동 현상의 방지 대책 중의 하나로서 펌프의 회전수를 작게 한다.

ADVICE 공동 현상(Cavitation)이란 펌프의 내부에서 유속의 급속한 변화나 와류발생, 유로장애 등으로 인하여 유체의 압력이 포화증기압 이하로 떨어지게 되면 물속에 용해되어 있던 기체가 기화되어 공동이 발생되는 현상을 말한다. 유동하고 있는 액체의 정압이 국부적으로 저하되면 그때의 액체 온도에 상당하는 증기압 이하가 되어 액체가 국부적으로 증발해서 발생하는 증기 또는 함유기체를 포함하는 거품이 발생한다. 공동 현상으로 인하여 충격압이나 소음/진동이 유발될 수 있으며, 임펠러나 케이싱이 손상될 수 있고, 펌프 양수 기능이 저하되거나 펌프의 수명이 단축될 수 있다.

공동 현상은 펌프의 흡입 실양정(또는 흡입손실수두)이 클 경우, 시설의 이용 가능한 유효흡입수두(NPSH, hsv)가 작을 경우, 펌프의 회전속도가 클 경우, 펌프 토출량이 과대할 경우, 펌프의 흡입 관경이 작을 경우에 발생된다. 이를 방지하기 위한 대책은 다음과 같다.

분류	대책 방법
펌프의 흡입 실양정을 작게	• 원심펌프 5m 이하 • 사류펌프 4m 이하 • 축류펌프 2m 이하로 유지
가용 NPSH를 크게	• 펌프의 설치 위치를 낮춘다. • 흡입관의 손실을 작게 한다. • 흡입관경을 넓게 한다.
필요 NPSH를 작게	• 펌프의 회전속도를 낮게 선정한다. • 펌프가 과대 토출량으로 운전되지 않도록 한다.
기타 대책	• 동일 토출량과 동일 회전속도에서는 양쪽 흡입펌프가 공동 현상방지에 유리하다. • 임펠러 등을 공동 현상에 강한 재료로 구성한다. • 흡입측 밸브를 완전히 개방하고 펌프를 운전한다.

ANSWER 6.③ 7.② 8.②

9 대기 오염 물질의 하나인 질소산화물을 제거하는 가장 효과적인 장치는?

① 선택적 촉매환원장치
② 물 세정 흡수탑
③ 전기집진기
④ 여과집진기

ADVICE 이미 배출된 질소산화물 배출가스 처리 방법에는 선택적 촉매환원법(SCR)과 선택적 비촉매환원법(SNCR)이 있다. 최근에는 플라즈마나 전자빔을 이용한 처리방식도 연구되고 있다.

10 도시 고형폐기물을 소각할 때 단위 무게당 가장 높은 에너지를 얻을 수 있는 것은?

① 종이
② 목재
③ 음식물 쓰레기
④ 플라스틱

ADVICE 소각 시 단위 무게(질량)당 얻을 수 있는 에너지는 발열량을 말한다. 보기 중에서는 플라스틱, 종이 순으로 발열량이 높게 나타난다.

11 염소 소독법에 대한 설명으로 옳지 않은 것은?

① 염소 소독은 THM(trihalomethane)과 같은 발암성 물질을 생성시킬 수 있다.
② 하수처리 시 수중에서 염소는 암모니아와 반응하여 모노클로로아민(NH_2Cl)과 다이클로로아민($NHCl_2$) 등과 같은 결합 잔류 염소를 형성한다.
③ 유리 잔류 염소인 HOCl과 OCl^-의 비율$\left(\frac{HOCl}{OCl^-}\right)$은 pH가 높아지면 커진다.
④ 정수장에서 암모니아를 포함한 물을 염소 소독할 때 유리 잔류 염소를 적정한 농도로 유지하기 위해서는 불연속점(breakpoint)보다 더 많은 염소를 주입하여야 한다.

ADVICE 유리 잔류 염소인 HOCl과 OCl^-의 비율$\left(\frac{HOCl}{OCl^-}\right)$은 pH가 낮아질수록 커진다.

12 유기성 슬러지에 해당하지 않는 것은?

① 하 · 폐수 생물학적 처리공정의 잉여 슬러지
② 음식물 쓰레기 처리공정에서 발생하는 고형물
③ 정수장의 응집 침전지에서 생성된 슬러지
④ 정화조 찌꺼기

ADVICE 정수장에서 나오는 슬러지는 모래, 자갈 등의 무기물 성분이 대부분이고, 응집 침전을 위한 응집제도 슬러지의 주성분이므로 정수장의 응집 침전지에서 생성된 슬러지는 무기성 슬러지에 해당할 가능성이 높다.

13 광화학 스모그의 생성 과정에서 반응물과 생성물에 해당하지 않는 것은?

① 탄화수소
② 황산화물
③ 질소산화물
④ 오존

ADVICE 광화학 스모그는 자동차나 공장의 배출가스 중에 포함된 탄화수소와 질소산화물(NO_x)이 태양광선(자외선)을 받아 유독물질인 PAN(peroxyacetyl nitrate, 질산과산화아세틸)과 옥시던트, 오존 등을 형성하여 생기며, 이 중 PAN이 공기 중에 떠다니며 수증기와 함께 짙은 안개를 형성한다.

14 오염 물질로서의 중금속에 대한 설명으로 옳지 않은 것은?

① 크로뮴은 +3가인 화학종이 +6가인 화학종에 비하여 독성이 강하다.
② 구리는 황산 구리의 형태로 부영양화된 호수의 조류 제어에 사용되기도 한다.
③ 납은 과거에 휘발유의 노킹(knocking) 방지제로 사용되었으므로 고속도로변 토양에서 검출되기도 한다.
④ 수은은 상온에서 액체인 물질이다.

ADVICE 크로뮴은 +6가인 화학종이 +3가인 화학종에 비하여 독성이 강하다. +6가의 크로뮴 화합물을 다량 흡입하면 독성을 나타내며 각종 암을 유발하기도 한다.

ANSWER 9.① 10.④ 11.③ 12.③ 13.② 14.①

15 총 경도가 250mg $CaCO_3$/L이며 알칼리도가 190mg $CaCO_3$/L인 경우, 주된 알칼리도 물질과 비탄산 경도 [mg $CaCO_3$/L]는? (단, pH는 7.6이다)

	알칼리도 물질	비탄산 경도[mg $CaCO_3$/L]
①	CO_3^{2-}	60
②	CO_3^{2-}	190
③	HCO_3^-	60
④	HCO_3^-	190

ADVICE 알칼리도와 경도와의 관계

- 알칼리도 < 총경도, 탄산 경도 = 알칼리도
- 알칼리도 > 총경도, 탄산 경도 = 총경도

문제에서 알칼리도 < 총경도인 조건이므로 탄산 경도는 알칼리도와 같다.

총경도 = 탄산 경도 + 비탄산 경도 관계식에서,

비탄산 경도 = 총경도 - 탄산 경도 = 총경도 - 알칼리도이므로

비탄산 경도 = 250 - 190 = 60mg $CaCO_3$/L

탄산의 이온화와 관련이 있는 알칼리도 = $[H_2CO_3] + [HCO_3^-] + [CO_3^{2-}]$이고, 주된 알칼리도 유발 물질은 용액의 pH와 밀접한 연관이 있다. 헨더슨–허셀바흐 식에 따라 pKa = pH일 때 이온화 형태와 비이온화 형태의 비율이 1:1로 나타난다. 탄산의 $pKa_1 = 6.37$, $pKa_2 = 10.32$이므로, pH 구간에 따른 탄산염의 비율 및 알칼리도 유발 물질은 다음과 같다.

– pH = 6.37 미만 : 주로 $[H_2CO_3]$가 알칼리도 유발

– pH = 6.37 이상 10.32 미만 : 주로 $[HCO_3^-]$가 알칼리도 유발

– pH = 10.32 이상 : 주로 $[CO_3^{2-}]$가 알칼리도 유발

문제에서 pH = 7.6이므로 HCO_3^-가 주된 알칼리도 유발 물질로 작용한다.

16 하수처리에서 기존의 활성 슬러지 공정과 비교할 때 막분리 생물반응조(membrane bioreactor, MBR) 공정의 특징으로 옳지 않은 것은?

① 일반적인 처리장 운전에서 슬러지 체류 시간을 짧게 하여 잉여 슬러지 발생량을 줄일 수 있다.

② 하수처리를 위한 부지 공간을 절약할 수 있다.

③ 수리학적 체류 시간을 짧게 유지할 수 있다.

④ 주기적인 막교체에 소요되는 비용이 발생한다.

ADVICE 일반적인 처리장 운전에서 슬러지 체류 시간을 길게 하여 잉여 슬러지 발생량을 줄일 수 있다.

17 점도(viscosity)에 대한 설명으로 옳지 않은 것은?

① 물의 점도는 온도가 상승하면 감소한다.

② 뉴턴 유체(Newtonian fluid)에서 전단응력은 속도 경사(velocity gradient)에 비례한다.

③ 공기의 점도는 온도가 상승하면 증가한다.

④ 동점도계수는 점도를 속도로 나눈 것이다.

ADVICE 동점도계수는 점도를 밀도로 나눈 것이다.

※ 뉴턴 유체와 비뉴턴 유체

㉠ 뉴턴 유체 : 전단응력이 유체 속도의 변화율(속도경사)과 선형적인 관계를 나타내는 유체. 유체의 성질이나 유동이 외부 하중과 무관하게 일정하게 유지되는 유체

㉡ 비뉴턴 유체 : 유체의 유동에 대한 저항이 유체의 유동 내부에 존재하는 유체

18 RDF(refuse derived fuel)에 대한 설명으로 옳지 않은 것은?

① 물리화학적 성분 조성이 균일해야 좋다.

② 다이옥신 발생을 줄이기 위하여 RDF 제조에 염소가 함유된 플라스틱을 60% 이상 사용하는 것이 바람직하다.

③ RDF의 형태에는 펠렛(pellet)형, 분말(powder)형 등이 있다.

④ 발열량을 높이기 위하여 함수량을 감소시켜야 한다.

ADVICE 다이옥신의 주성분은 벤젠과 염소이고, 이들은 플라스틱에 다량 함유되어 있기 때문에 플라스틱 함량이 높을수록 연소 시 다이옥신 배출량은 많아진다. 따라서 다이옥신 발생을 줄이기 위해서는 플라스틱 함량이 낮은 원료를 사용하는 것이 좋다.

ANSWER 15.③ 16.① 17.④ 18.②

19 지역 A의 면적은 1,000km^2이고, 대기 혼합고(mixing height)는 100m이다. 하루에 200톤(질량 기준)의 석탄이 완전 연소되었는데, 이 석탄의 황(S) 함유량은 4%이었고 연소 후 S는 모두 SO_2로 배출되었다. 지역 A에서 1주 동안 대기가 정체되었을 때 SO_2의 최종 농도[$\mu g/m^3$]는? (단, S의 원자량은 32, O의 원자량은 16이며, 지역 A에서 대기가 정체되기 이전의 SO_2 초기 농도는 0$\mu g/m^3$이고 주변 지역과의 물질 전달은 없다고 가정한다)

① 56
② 112
③ 560
④ 1,120

ADVICE ㉠ SO_2 발생량

$$\frac{200\,t}{day}\times10^{12}\mu g/t\times7day\times0.04\times\frac{64(SO_2)}{32(S)}=112\times10^{12}\mu g$$

㉡ 부피 산정

$$1,000km^2\times100m\times\frac{10^6m^2}{km^2}=1\times10^{11}m^3$$

㉢ 농도 산정

$$\frac{112\times10^{12}}{1\times10^{11}}=1,120\mu g/m^3$$

20 해수의 특성으로 옳지 않은 것은?

① pH는 일반적으로 약 7.5 ~ 8.5 범위이다.
② 염도는 약 3.5‰이다.
③ 용존 산소 농도는 수온이 감소하면 증가한다.
④ 밀도는 온도가 상승하면 작아지고, 염도가 증가하면 커진다.

ADVICE 해수의 염도는 3.5% = 35‰ = 35,000ppm이다.

2018. 6. 23. 제2회 서울특별시 시행

1 농도가 가장 높은 용액은? (단, 용액의 비중은 1로 가정한다.)

① 100ppb
② 10μg/L
③ 1ppm
④ 0.1mg/L

ADVICE ① 100ppb = 0.1ppm

② $10\mu g/L = 10 \times \frac{1}{10^3} = 0.01ppm$

③ 1ppm

④ $0.1mg/L = 0.1ppm$

2 대기 중에서 지름이 10μm인 구형입자의 침강속도가 3.0cm/sec라고 한다. 같은 조건에서 지름이 5μm인 같은 밀도의 구형입자의 침강속도(cm/sec)는?

① 0.25
② 0.5
③ 0.75
④ 1.0

ADVICE $V_g = \frac{{d_p}^2(\rho_p - \rho_w)g}{18\mu}$에서 구형 입자의 침강속도는 입자 지름의 제곱에 비례함을 알 수 있다. 입자 지름 이외에 다른 조건들은 동일하므로 $\frac{V_A}{V_B} = \frac{10^2}{5^2} = \frac{3.0}{x}$와 같이 비례식을 세울 수 있고 이를 풀면 다음과 같은 결과를 얻는다.

$\therefore\ x = 0.75(m/s)$

3 인구 5,000명인 아파트에서 발생하는 쓰레기를 5일마다 적재용량 10m^{3}인 트럭 10대를 동원하여 수거한다면 1인당 1일 쓰레기 배출량(kg)은? (단, 쓰레기의 평균밀도는 100kg/m^{3}라고 가정한다.)

① 0.2
② 0.4
③ 2
④ 4

ADVICE $\frac{10m^3/\text{대} \times 10\text{대} \times 100kg/m^3}{5\text{일} \times 5{,}000\text{인}} = 0.4kg$

ANSWER 19.④ 20.② / 1.③ 2.③ 3.②

4 **호수 및 저수지에서 일어날 수 있는 자연현상에 대한 설명으로 가장 옳지 않은 것은?**

① 호수의 성층현상은 수심에 따라 변화되는 온도로 인해 수직방향으로 밀도차가 발생하게 되고 이로 인해 층상으로 구분되는 현상을 의미한다.

② 표수층은 호수 혹은 저수지의 최상부층을 말하며 대기와 직접 접촉하고 있으므로 산소 공급이 원활하고 태양광 직접 조사를 통해 조류의 광합성 작용이 활발히 일어난다.

③ 여름 이후 가을이 되면서 높아졌던 표수층의 온도가 4℃까지 저하되면 물의 밀도가 최대가 되므로 연직방향의 밀도차에 의한 자연스러운 수직혼합현상이 발생하며, 이로 인해 표수층의 풍부한 산소와 영양성분이 하층부로 전달된다.

④ 겨울이 되어 호수 및 저수지 수면층이 얼게 되면 물과 얼음의 밀도차에 의해 수면의 얼음은 침강하게 된다.

ADVICE 겨울이 되어 호수 및 저수지 수면층이 얼게 되면 물과 얼음의 밀도차에 의해 수면의 얼음은 상층부로 부상(浮上)하게 된다.

5 **폐수처리에 사용되는 주요 생물학적 처리공정 중 부착성장 미생물을 활용하는 공정으로 가장 옳은 것은?**

① 살수여상
② 활성슬러지 공정
③ 호기성 라군
④ 호기성 소화

ADVICE 살수여상은 생물학적 처리공정 중 호기성 공정의 부착성장 공정에 해당한다. 생물학적 폐수처리 공정은 호기, 혐기에 따라 다음과 같이 분류된다.

㉠ 호기성 공정
- 부유성장(활성슬러지, 완전혼합, 단계포기식, 순산소, 연소회분식, 심층포기)
- 부착성장(살수여상, 회전원판법, 충진상 반응기)
- 혼합형(생물막-활성슬러지, 살수여상-활성슬러지)

㉡ 준호기성 공정
- 부유성장(부유성장 탈질화)
- 부착성장(생물막 탈질화)

㉢ 혐기성 공정
- 부유성장(혐기성 소화, 혐기성 상향류 슬러지상)
- 부착성장(혐기성 여과상 공정)

㉣ 기타 공정
- 안정화지
- 일단 또는 다단 공정(호기, 준호기, 혐기 혼합 공정)

6 리차드슨수(Richardson's number, Ri)에 대한 설명으로 가장 옳지 않은 것은?

① 대류난류를 기계적인 난류로 전환시키는 비율을 뜻하며, 무차원수이다.

② $Ri = 0$은 기계적 난류가 없음을 나타낸다.

③ $Ri > 0.25$인 경우는 수직방향의 혼합이 거의 없음을 나타낸다.

④ $-0.03 > Ri > 0$인 경우 기계적 난류가 혼합을 주로 일으킨다.

ADVICE 리차드슨수(Richardson's number, Ri)

㉠ 무차원수로 대류난류를 기계적인 난류로 전환시키는 비율로서 무차원수이다.

㉡ Ri가 음의 값을 가지면 열적 난류가 지배적이다.

㉢ Ri가 큰 음의 값을 가지면 대류가 지배적이어서 바람이 약하게 되어 강한 수직 운동이 일어난다.

㉣ $Ri = 0$일 때는 열적 난류는 없고 기계적 난류만 존재한다.

㉤ $Ri > 0.25$일 때는 대기가 안정한 상태로서 기계적인 혼합이 강하게 억제되며, 수직방향의 혼합이 거의 없음을 나타낸다.

㉥ $-0.03 < R < 0$인 경우 기계적 난류와 대류가 존재하나 기계적 난류가 혼합을 주로 일으킨다.

7 폐기물 매립지의 매립가스 발생 단계에 대한 설명으로 가장 옳지 않은 것은?

① 1단계는 호기성 단계로 매립지 내 O_2와 N_2가 서서히 감소하며, CO_2가 발생하기 시작한다.

② 2단계는 혐기성 비메탄 발효 단계로 H_2가 생성되기 시작하며, CO_2는 최대농도에 이른다.

③ 3단계는 혐기성 메탄 축적 단계로 CH_4 발생이 시작되며, 중반기 이후 CO_2의 농도비율이 감소한다.

④ 4단계는 혐기성 단계로 CH_4와 CO_2가 일정한 비율로 발생한다.

ADVICE 문제에서 말하는 폐기물 매립지의 매립가스 발생 2단계는 혐기성 비메탄 발효 단계(산형성 단계, Acid Phase)로서 유기산의 생성이 급증한다. CO_2, H_2가 점진적으로 감소하고 CH_4 발생량이 점차 증가하는 단계로 pH가 5.0 정도까지 하강하며, BOD 및 COD는 증가한다. H_2는 1단계에서 생성되기 시작하여 2단계에서 최대농도에 이른 후 감소하며, CO_2 또한 점진적으로 감소한다.

ANSWER 4.④ 5.① 6.② 7.②

8 「소음 · 진동관리법 시행규칙」상 낮 시간대(06:00~18:00) 공장소음 배출허용기준(dB)이 가장 낮은 지역은?

① 도시지역 중 전용주거지역 및 녹지지역

② 도시지역 중 일반주거지역

③ 농림지역

④ 도시지역 중 일반공업지역 및 전용공업지역

ADVICE 「공장소음 · 진동의 배출허용기준」(제8조 관련) 중 공장소음 배출허용기준

[단위 : dB(A)]

대상지역	시간대별		
	낮 (06:00~18:00)	저녁 (18:00~24:00)	밤 (24:00~06:00)
가. 도시지역 중 전용주거지역 및 녹지지역(취락지구 · 주거개발진흥지구 및 관광 · 휴양개발진흥지구만 해당한다), 관리지역 중 취락지구 · 주거개발진흥지구 및 관광 · 휴양개발진흥지구, 자연환경보전지역 중 수산자원보호구역 외의 지역	50 이하	45 이하	40 이하
나. 도시지역 중 일반주거지역 및 준주거지역, 도시지역 중 녹지지역(취락지구 · 주거개발진흥지구 및 관광 · 휴양개발진흥지구는 제외한다)	55 이하	50 이하	45 이하
다. 농림지역, 자연환경보전지역 중 수산자원보호구역, 관리지역 중 가목과 라목을 제외한 그 밖의 지역	60 이하	55 이하	50 이하
라. 도시지역 중 상업지역 · 준공업지역, 관리지역 중 산업개발진흥지구	65 이하	60 이하	55 이하
마. 도시지역 중 일반공업지역 및 전용공업지역	70 이하	65 이하	60 이하

9 혐기성 소화과정은 가수분해, 산 생성, 메탄 생성의 단계로 구분된다. 가수분해 단계에서 주로 생성되는 물질로 가장 옳지 않은 것은?

① 아미노산 ② 글루코스

③ 글리세린 ④ 알데하이드

ADVICE 가수분해를 통해 탄수화물은 글루코스(포도당)로, 단백질은 아미노산으로, 지방은 글리세린으로 분해된다.

10 공극률이 20%인 토양 시료의 겉보기밀도는? (단, 입자밀도는 2.5g/cm^{3}로 가정한다.)

① 1g/cm^3
② 1.5g/cm^3
③ 2g/cm^3
④ 2.5g/cm^3

ADVICE 겉보기밀도 $= \frac{질량}{부피} = \frac{질량}{입자부피 + 공극부피}$ 관계식에서,

공극률은 전체 부피 중에 빈틈이 차지하는 비율을 말하므로

공극부피를 x로 두면 $\frac{x}{1+x} = 0.2$에서 공극부피$(x) = 0.25\text{cm}^3$

겉보기밀도 $= \frac{질량}{입자부피 + 공극부피} = \frac{2.5\text{g}}{(1+0.25)\text{cm}^3} = 2\text{g/cm}^3$

11 원심력집진기의 집진 장치 효율에 대한 설명으로 가장 옳지 않은 것은?

① 배기관의 직경이 작을수록 입경이 작은 먼지를 제거할 수 있다.
② 입구유속에는 한계가 있지만, 그 한계 내에서 속도가 빠를수록 효율이 높은 반면 압력 손실이 높아진다.
③ 사이클론의 직렬단수, 먼지호퍼의 모양과 크기도 효율에 영향을 미친다.
④ 점착성이 있는 먼지에 적당하며 딱딱한 입자는 장치를 마모시킨다.

ADVICE 원심력집진기로는 점착성이나 마모성이 있는 먼지를 처리하기 어렵다.

12 폐수의 화학적 응집 침전을 촉진시키기 위한 방법으로 가장 옳지 않은 것은?

① 전위결정이온을 첨가하여 콜로이드 표면을 채우거나 반응을 하여 표면전하를 줄인다.
② 수산화금속이온을 형성하는 화학약품을 투입한다.
③ 고분자응집제를 첨가하여 흡착작용과 가교작용으로 입자를 제거한다.
④ 전해질을 제거하여 분산층의 두께를 높여 제타전위를 줄이는 것이 효과적이다.

ADVICE 폐수의 화학적 응집 침전을 촉진시키기 위해서는 전해질을 제거하여 분산층의 두께를 줄임으로써 제타전위를 줄이는 것이 효과적이다.

ANSWER 8.① 9.④ 10.③ 11.④ 12.④

13 대기층은 고도에 따른 온도 변화 양상에 따라 영역 구분이 가능하다. 〈보기〉에 해당하는 영역은?

〈보기〉
- 대기층에서 고도 11~50km 사이에 존재한다.
- 고도가 올라감에 따라 온도가 상승하는 안정적인 수직 구조를 갖는다.
- 상대적으로 높은 농도의 오존이 존재하여 태양광의 단파장영역을 효과적으로 흡수한다.

① 대류권 ② 성층권
③ 중간권 ④ 열권

ADVICE 〈보기〉는 태양광의 유해 자외선 등의 단파장을 차단하는 역할을 하는 오존층이 존재하는 성층권에 대한 설명이다.

14 실외 지면에 위치한 점음원에서 발생한 소음의 음향파워레벨이 105dB일 때 음원으로부터 100m 떨어진 지점에서의 음압레벨은?

① 54dB ② 57dB
③ 77dB ④ 91dB

ADVICE 음원이 지면에 위치해 있으므로 점음원 반자유공간 기준식($Q=2$)을 이용한다.

$$SPL = PWL - 10\log\frac{4\pi R^2}{Q}$$

$$SPL = PWL - 20\log 100 - \log 2\pi = 105 - 40 - 8 = 57\text{dB}$$

15 하 · 폐수 처리 공정의 3차 처리에서 수중의 질소를 제거하기 위한 방법으로 가장 옳지 않은 것은?

① 응집침전법 ② 이온교환법
③ 생물학적 처리법 ④ 탈기법

ADVICE 응집침전법은 3차 처리에서 수중의 인을 제거하기 위한 방법이다.

16 수계의 유기물질 총량을 간접적으로 예측하기 위한 지표로서 생물화학적 산소요구량(Biochemical Oxygen Demand : BOD)과 화학적 산소요구량(Chemical Oxygen Demand : COD)에 대한 설명으로 가장 옳은 것은?

① BOD는 혐기성 미생물의 수계 유기물질 분해 활동과 연관된 산소 요구량을 의미하며 BOD_5는 5일간 상온에서 시료를 배양했을 때 미생물에 의해 소모된 산소량을 의미한다.

② BOD값이 높을수록 수중 유기물질 함량이 높으며, 측정방법의 특성상 BOD는 언제나 COD보다 높게 측정된다.

③ BOD는 생물학적 분해가 가능한 유기물의 총량 예측에 적합하며, 미생물의 활성을 저해하는 독성물질 존재 시분해의 방해효과가 나타날 수 있다.

④ COD는 시료 중 유기물질을 화학적 산화제를 사용하여 산화 분해시킨 후 소모된 산화제의 양을 대응산소의 양으로 환산하여 나타낸 값으로, 일반적인 활용 산화제는 염소나 과산화수소이다.

ADVICE ① BOD는 호기성 미생물의 수계 유기물질 분해 활동과 연관된 산소 요구량을 의미하며 BOD_5는 5일간 상온에서 시료를 배양했을 때 미생물에 의해 소모된 산소량을 의미한다.

② BOD값이 높을수록 수중 유기물질 함량이 높으며, 측정방법의 특성상 BOD는 일반적으로 COD보다 낮게 측정된다.

④ COD는 시료 중 유기물질을 화학적 산화제를 사용하여 산화 분해시킨 후 소모된 산화제의 양을 대응산소의 양으로 환산하여 나타낸 값으로, 일반적인 활용 산화제는 과망가니즈산칼륨이나 다이크로뮴산칼륨이다.

17 지구 온난화에 기여하는 온실가스 중 이산화탄소와 탄소순환에 대한 설명으로 가장 옳지 않은 것은?

① 공업적으로 이산화탄소를 배출하는 큰 산업 중의 하나는 시멘트 제조업이다.

② 지구상의 식물에 저장되어 있는 탄소량은 바다 속에 저장된 탄소량에 비해 매우 적다.

③ 바다는 주로 이산화탄소를 중탄산이온(HCO_3^-)의 형태로 저장한다.

④ 석유는 다른 화석연료(석탄, 천연가스 등)에 비해 탄소집중도가 가장 큰 물질이다.

ADVICE 석탄의 탄소집중도는 석유에 비해 높다.

ANSWER 13.② 14.② 15.① 16.③ 17.④

18 토양세척법에 대한 설명으로 가장 옳지 않은 것은?

① 토양세척법에 이용되는 세척제는 계면의 자유에너지를 낮추는 물질이다.

② 토양세척기술은 1970년대 후반 미국 환경청에서 기름유출사고로 오염된 해변을 정화하기 위해 처음으로 개발되었다.

③ 준휘발성 유기화합물은 토양세척법을 이용하여 처리하기에 적합하지 않다.

④ 토양 내에 휴믹질이 고농도로 존재하는 경우에는 전처리가 필요하다.

ADVICE 토양세척법은 휘발성, 준휘발성 유기화합물 및 유류오염, 중금속처리 등의 다양한 오염물질의 처리가 가능하다.

19 대기오염제어장치로서 분진 제거 시 〈보기〉의 조건을 충족하는 집진시설로 가장 옳은 것은?

〈보기〉

- 미세한 분진을 비교적 고효율로 제거하여야 할 경우
- 가스의 냉각이 요구되나 습도가 문제되지 않는 경우
- 가스가 연소성인 경우
- 분진과 기체상태의 오염물질을 동시에 제거해야 하는 경우

① 직물여과기
② 사이클론
③ 습식세정기
④ 전기집진기

ADVICE 〈보기〉는 습식세정법에 대한 설명이다.

20 「먹는물 수질기준 및 검사 등에 관한 규칙」상의 건강상 유해영향 무기물질로 가장 옳지 않은 것은?

① 아연(Zn)

② 셀레늄(Se)

③ 암모니아성 질소(NH_3)

④ 비소(As)

ADVICE 「먹는물 수질기준 및 검사 등에 관한 규칙」 [별표 1] 먹는물의 수질기준

2. 건강상 유해영향 무기물질에 관한 기준

가. 납은 0.01mg/L를 넘지 아니할 것

나. 불소는 1.5mg/L(샘물 · 먹는샘물 및 염지하수 · 먹는염지하수의 경우에는 2.0mg/L)를 넘지 아니할 것

다. 비소는 0.01mg/L(샘물 · 염지하수의 경우에는 0.05mg/L)를 넘지 아니할 것

라. 셀레늄은 0.01mg/L(염지하수의 경우에는 0.05mg/L)를 넘지 아니할 것

마. 수은은 0.001mg/L를 넘지 아니할 것

바. 시안은 0.01mg/L를 넘지 아니할 것

사. 크롬은 0.05mg/L를 넘지 아니할 것

아. 암모니아성 질소는 0.5mg/L를 넘지 아니할 것

자. 질산성 질소는 10mg/L를 넘지 아니할 것

차. 카드뮴은 0.005mg/L를 넘지 아니할 것

카. 붕소는 1.0mg/L를 넘지 아니할 것(염지하수의 경우에는 적용하지 아니한다)

타. 브롬산염은 0.01mg/L를 넘지 아니할 것(수돗물, 먹는샘물, 염지하수 · 먹는염지하수, 먹는해양심층수 및 오존으로 살균 · 소독 또는 세척 등을 하여 먹는 물로 이용하는 지하수만 적용한다)

파. 스트론튬은 4mg/L를 넘지 아니할 것(먹는염지하수 및 먹는해양심층수의 경우에만 적용한다)

하. 우라늄은 30㎍/L를 넘지 않을 것[수돗물(지하수를 원수로 사용하는 수돗물을 말한다), 샘물, 먹는샘물, 먹는염지하수 및 먹는물공동시설의 물의 경우에만 적용한다)]

ANSWER 18.③ 19.③ 20.①

2019. 6. 15. 제1회 지방직 시행

1 평균유량이 1.0m^3/min인 Air sampler를 10시간 운전하였다. 포집 전 1,000mg이었던 필터의 무게가 포집 후 건조하였더니 1,060mg이 되었을 때, 먼지의 농도[μg/m^3]는?

① 25 ② 50

③ 75 ④ 100

ADVICE $\dfrac{(1,060-1,000)\text{mg}}{1.0\text{m}^3/\text{min}\times 60\text{min/h}\times 10\text{h}} = 0.1\text{mg/m}^3 = 100\mu\text{g/m}^3 \quad (1\text{mg}=1,000\mu\text{g})$

2 호소의 부영양화로 인해 수생태계가 받는 영향에 대한 설명으로 옳지 않은 것은?

① 조류가 사멸하면 다른 조류의 번식에 필요한 영양소가 될 수 있다.

② 생물종의 다양성이 증가한다.

③ 조류에 의해 생성된 용해성 유기물들은 불쾌한 맛과 냄새를 유발한다.

④ 유기물의 분해로 수중의 용존산소가 감소한다.

ADVICE 수중 용존 산소량이 감소함에 따라 생물이 살기 어려운 환경이 되어 생태계가 파괴되며, 따라서 생물종의 다양성은 감소한다.

3 수중 용존산소(DO)에 대한 설명으로 옳지 않은 것은?

① 물에 용해되는 산소의 양은 접촉하는 산소의 부분압력에 비례한다.

② 수온이 높을수록 산소의 용해도는 감소한다.

③ 수중에 녹아 있는 염소이온, 아질산염의 농도가 높을수록 산소의 용해도는 감소한다.

④ 생분해성 유기물이 유입되면 혐기성 미생물에 의해서 수중의 산소가 소모된다.

ADVICE 생분해성 유기물이 유입되면 혐기성 미생물이 아니라 호기성(好氣性, 산소를 좋아하는 성질) 미생물에 의해서 수중의 산소가 소모된다.

4 호소에서의 조류증식을 억제하기 위한 방안으로 옳지 않은 것은?

① 호소의 수심을 깊게 해 물의 체류시간을 증가시킴

② 차광막을 설치하여 조류증식에 필요한 빛을 차단

③ 질소와 인의 유입을 감소시킴

④ 하수의 고도처리

ADVICE 물의 흐름이 약하거나 정체되어 있으면 조류가 더 잘 증식할 수 있는 환경이 만들어진다.

※ 부영양화 방지대책

메커니즘	대책
질소/인 유입 방지	• 세제 사용량 억제 • 하수 고도처리 • 비료사용 억제 • 하천 내 침전된 퇴적층 제거
조류 제거	• 황산구리, 염소 투입 • 차광막 설치(빛 차단) • 활성탄 흡착

ANSWER 1.④ 2.② 3.④ 4.①

5 **대기오염 방지장치인 전기집진장치(ESP)에 대한 설명으로 옳지 않은 것은?**

① 비저항이 높은 입자($10^{12} \sim 10^{13}\Omega \cdot cm$)는 제어하기 어렵다.

② 수분함량이 증가하면 분진제어 효율은 감소한다.

③ 가스상 오염물질을 제어할 수 없다.

④ 미세입자도 제어가 가능하다.

ADVICE 수분함량이 증가하면 분진제어 효율은 오히려 증가한다.

6 **입자상 오염물질 중 하나로 증기의 응축 또는 화학반응에 의해 생성되는 액체입자이며, 일반적인 입자 크기가 0.5 ~ 3.0μm인 것은?**

① 먼지(dust) ② 미스트(mist)

③ 스모그(smog) ④ 박무(haze)

ADVICE 입자상 오염물질

㉠ 먼지(dust) : 콜로이드보다 큰 고체입자로서 공기나 가스에 부유할 수 있으며, 입자의 크기가 비교적 큰 고체입자로 석탄, 재, 시멘트와 같이 물질의 운송처리과정에서 방출되며, 톱밥, 모래흙과 같이 기계적 작동 및 분쇄에 의해서도 방출된다. 입자의 크기는 1~100μm 정도이다.

㉡ 분진(particulate) : 자동차, 공장, 화력발전소, 난방, 쓰레기 소각 등의 인위적 배출원과 바다의 물보다, 화산재, 도로의 먼지, 산불, 꽃가루 등 자연적 배출원에서 생성된 입자상 물질로 미세한 독립 상태의 액체 또는 알갱이이다.

㉢ 에어로졸(aerosol) : 입사장 물질을 한국 및 일본에서는 분진으로 부르며, 구미에서는 에어로졸로 사용한다.

㉣ 훈연(fume) : 용융된 물질이 휘발해서 생긴 기체가 응축할 때 생기는 고체입자로 상호응결하며 때로는 충돌 결합한다. 금속 산화물과 같이 가스상 물질이 승화, 증류 및 화학반응 과정에서 응축될 경우 주로 생성되는 고체입자이다. 입자의 크기는 0.03~0.3μm 정도이다.

㉤ 미스트(mist) : 가스나 증기의 응축 또는 화학반응에 의해 생성되는 액체입자로 주성분은 물이며, 안개와 구별하여야 한다. 안개는 연무(aerosol)보다는 포괄적 개념이다. 연무는 안개보다는 투명하며, 전형적인 입자의 크기는 0.5~3.0μm이다.

㉥ 연기(smoke) : 연소시 발생하는 유리탄소를 주로 하는 미세한 입자상 물질로 불완전연소로 생성되는 미세입자로서 가스를 함유하며 주로 탄소성분과 연소물질로 구성되어 있다. 입자의 크기는 0.01μm 이상이다.

㉦ 안개(fog) : 아주 작은 물방울이 공기 중에 떠있는 현상으로 수평시정이 1km 이하이다. 습도는 100%에 가까운 현상으로 분산질이 액체이고, 눈에 보이는 연무질을 의미하며 통상 응축에 의해 발생한다.

㉧ 스모그(smog) : 대기 중 광화학적 반응에 의해 생성된 가스의 응축과정에서 생성된다. 크기는 1μm보다 작으며, smoke와 fog의 합성어이다.

㉨ 박무(haze) : 광화학 반응으로 생성된 물질로 아주 작은 다수의 건조입자가 부유하고 시야를 방해하는 입자상 물질이다. 수분, 오염물질 및 먼지 등으로 구성되어 있으며 크기는 1μm보다 작다.

㉩ 검댕(soot) : 탄소 함유물질의 불완전연소로 형성된 입자상 오염물질로서 탄소 입자의 응집체이다. 입자상 크기는 1μm 이상이다.

7 완전혼합반응기에서의 반응식은? (단, 1차 반응이며 정상상태이고, r_A : A물질의 반응속도, C_A : A물질의 유입수 농도, C_{A0} : A물질의 유출수 농도, θ : 반응시간 또는 체류시간이다)

① $r_A = \dfrac{C_{A0} - C_A}{\theta}$

② $r_A = \dfrac{C_{A0} - C_A}{C_A}$

③ $r_A = \dfrac{C_A - \theta}{C_A}$

④ $r_A = \dfrac{C_A - C_{A0}}{\theta}$

ADVICE 완전혼합반응(1차 반응)의 물질수지식

변화량 = 유입량 - 유출량 + 생성량

$V\dfrac{dC}{dt} = QC_{A0} - QC_A + r_A V$

문제에서 정상상태라고 하였으므로 $\dfrac{dC}{dt} = 0$이다.

$0 = QC_{A0} - QC_A + r_A V$

$Q(C_{A0} - C_A) = -r_A V$

$r_A = \dfrac{Q}{V}(C_A - C_{A0}) = \dfrac{C_A - C_{A0}}{\theta}\ (\because\ \theta = \dfrac{V}{Q})$

8 BOD_5 실험식에 대한 설명으로 옳은 것은? $\left(\text{단, } BOD_5 = \dfrac{(DO_i - DO_f) - (B_i - B_f)(1 - P)}{P}\right)$

① P는 희석배율이다.

② DO_i는 5일 배양 후 용존산소 농도이다.

③ DO_f는 초기 용존산소 농도이다.

④ B_i는 식종희석수의 5일 배양 후 용존산소 농도이다.

ADVICE
- P : 희석배율
- DO_i : 초기 용존산소 농도
- DO_f : 5일 배양 후 용존산소 농도
- B_i : 식종희석수의 초기 용존산소 농도
- B_f : 식종희석수의 5일 배양 후 용존산소 농도

ANSWER 5.② 6.② 7.④ 8.①

9 일반적인 매립가스 발생의 변화단계를 바르게 나열한 것은?

① 호기성 단계 → 혐기성 단계 → 유기산 생성 단계(통성 혐기성 단계) → 혐기성 안정화 단계
② 혐기성 단계 → 유기산 생성 단계(통성 혐기성 단계) → 호기성 단계 → 혐기성 안정화 단계
③ 호기성 단계 → 유기산 생성 단계(통성 혐기성 단계) → 혐기성 단계 → 혐기성 안정화 단계
④ 혐기성 단계 → 호기성 단계 → 유기산 생성 단계(통성 혐기성 단계) → 혐기성 안정화 단계

ADVICE 매립가스(LFG, Landfill Gas) 발생 메커니즘

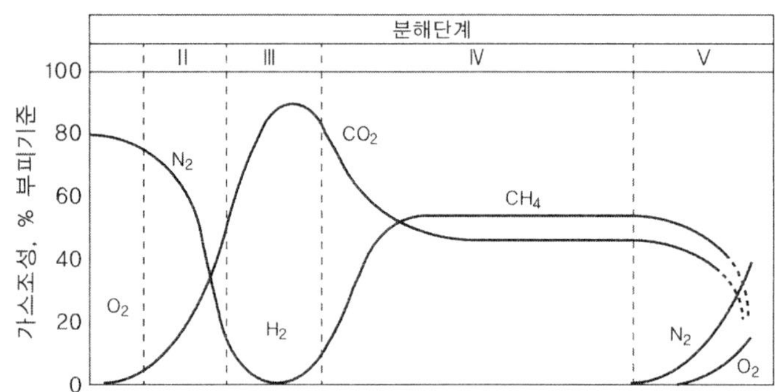

㉠ 1단계(초기조정 단계, Initial Adjustment) : 매립초기 단계로 쉽게 분해되는 물질이 CO_2로 전환되면서 매립지 내부의 산소를 소비하는 호기성 분해 단계이다.

㉡ 2단계(전이 단계, Transition Phase) : 매립층 내 산소가 대부분 소비되어 호기성에서 혐기성으로 전이되며, 산형성 미생물이 혐기성 조건하에서 지방산, CO_2, H_2를 형성하는 초기 산형성단계로 침출수의 pH가 유기산의 형성 및 CO_2의 증가로 하강하기 시작한다.

㉢ 3단계(산 형성 단계, Acid Phase) : 유기산의 생성이 급증하게 되고 CO_2, H_2가 점진적으로 감소하고 CH_4 발생량이 점차 증가하는 단계로 pH가 5.0 정도까지 하강하며, BOD 및 COD는 증가한다.

㉣ 4단계(메탄발효 단계, Methane Fermentation Phase) : 산형성 단계에서 생성된 Acetic Acid와 H_2가 미생물들에 의해서 CH_4와 CO_2로 전환된다. 이 단계의 미생물들은 완전한 혐기성 상태 하에서 생물학적 전환을 일으키는데, 이러한 과정에 참여하는 미생물들을 Methanogen 또는 Methane Former라 한다. 본 메탄발효 단계에서는 CH_4와 CO_2로 전환량이 커짐에 따라 산형성 비율이 현저히 감소된다.

㉤ 5단계(숙성 단계, Maturation Phase) : 메탄발효 단계에서 생분해 가능한 유기물질들을 CH_4와 CO_2로 전환시켜 안정적으로 발생하게 되며, 수분은 폐기물을 통하여 지속적으로 공급되고 생분해 정도가 늦은 유기물질도 분해되어 CH_4와 CO_2로 전환된다.

10 지하수에 대한 설명으로 옳지 않은 것은?

① 저투수층(aquitard)은 투수도는 낮지만 물을 저장할 수 있다.
② 피압면 지하수는 자유면 지하수층보다 수온과 수질이 안정하다.
③ 지하수는 하천수와 호소수 같은 지표수보다 경도가 낮다.
④ 지하수는 천층수, 심층수, 복류수, 용천수 등이 있다.

ADVICE 지하수는 통상적으로 지표수보다 경도가 높다.

11 콜로이드(colloids)에 대한 설명으로 옳지 않은 것은?

① 브라운 운동을 한다.
② 표면전하를 띠고 있다.
③ 입자 크기는 $0.001 \sim 1\mu m$이다.
④ 모래여과로 완전히 제거된다.

ADVICE 콜로이드는 입경이 작아 모래여과로 완전히 제거하기 어렵다.

12 해양에 유출된 기름을 제거하는 화학적 방법에 해당하는 것은?

① 진공장치를 이용하여 유출된 기름을 제거한다.
② 비중차를 이용한 원심력으로 기름을 제거한다.
③ 분산제로 기름을 분산시켜 제거한다.
④ 패드형이나 롤형과 같은 흡착제로 유출된 기름을 제거한다.

ADVICE 분산제나 유화제를 사용하여 기름을 분해하거나 물과 섞기 용이하도록 하는 것은 유류방제의 화학적 방법에 해당한다. 나머지 보기인 진공장치, 원심력(비중차), 흡착제 이용은 모두 물리적 방법에 속한다.

ANSWER 9.③ 10.③ 11.④ 12.③

13 도시폐기물 소각로에서 다이옥신이 생성되는 기작에 대한 설명으로 옳지 않은 것은?

① 투입된 쓰레기에 존재하던 PCDD/PCDF가 연소 시 파괴되지 않고 대기 중으로 배출된다.

② 전구물질인 CP(chlorophenols)와 PCB(polychlorinated biphenyls) 등이 반응하여 PCDD/PCDF로 전환된다.

③ 유기물(PVC, lignin 등)과 염소 공여체(NaCl, HCl, Cl_2 등)로부터 생성된다.

④ 전구물질이 비산재 및 염소 공여체와 결합한 후 생성된 PCDD는 배출가스의 온도가 600℃ 이상에서 최대로 발생한다.

ADVICE 소각반응에서 dioxin/furan 화합물의 최적 생성온도는 230-350℃로 알려져 있으며, 온도가 낮아지면 형성이 저하된다.

14 지구 대기에 존재하는 다음 기체들 중 부피 기준으로 가장 낮은 농도를 나타내는 것은? (단, 건조 공기로 가정한다)

① 아르곤(Ar)
② 이산화탄소(CO_2)
③ 수소(H_2)
④ 메테인(CH_4)

ADVICE 지구 대기권 구성 물질의 부피 비율

질소(N_2) 78.084%, 산소(O_2) 20.946%, 아르곤(Ar) 0.934%, 이산화탄소(CO_2) 365ppmv, 네온(Ne) 18.18ppmv, 헬륨(He) 5.24ppmv, 메테인(CH_4) 1.745ppmv, 크립톤(Kr) 1.14ppmv, 수소(H_2) 0.55ppmv, 수증기(H_2O) 약 1%

※ ppmv … 부피에서의 100만분의 1을 말하며, 1ppmv=0.0001%

15 환경위해성 평가와 위해도 결정에 대한 설명으로 옳지 않은 것은?

① 96 HLC_{50}은 96시간 반치사 농도를 의미한다.

② BF는 유해물질의 생물농축 계수를 의미한다.

③ 분배계수(K_{ow})는 유해물질의 전기전도도 값을 의미한다.

④ LD_{50}은 실험동물 중 50%가 치사하는 용량을 의미한다.

ADVICE 환경위해성 평가에서 사용되는 옥탄올—물 분배계수(octanol-water partition coefficient, K_{ow})는 두 혼합되지 않는 상(phase)인 옥탄올과 물에서의 용질의 분포를 나타내는 계수를 말하며, 비극성 화합물의 소수성 측정의 한 방법으로 사용된다. 통상적으로 이 값이 1보다 크면 소수성이 강하고, 1보다 작으면 친수성이 강하다고 평가한다.

$K_{ow} = C_o/C_w$(C_o : 옥탄올에서 용질 농도, C_w : 물에서 용질 농도)

16 **온실효과와 지구온난화지수(GWP)에 대한 설명으로 옳지 않은 것은? (단, GWP의 표준시간 범위는 20년)**

① 아산화질소(N_2O)의 지구온난화지수는 이산화탄소에 비하여 15,100배 정도이다.

② 수증기의 온실효과 기여도는 약 60%이다.

③ 메탄은 이산화탄소에 비하여 62배 정도의 지구온난화지수를 갖는다.

④ 온실가스가 단파장 빛은 통과시키나 장파장 빛은 흡수하는 것을 온실효과라 한다.

ADVICE 아산화질소(N_2O)의 지구온난화지수는 이산화탄소의 310배 정도이다.

※ 지구온난화지수(GWP) 크기 순위 … 이산화탄소(CO_2) (1) < 메테인(CH_4) (21) < 아산화질소(N_2O) (310) < 수소화불화탄소(HFC) (1,300) < 육플루오린화황(SF_6) (23,900)

17 **유해폐기물의 용매추출법은 액상폐기물로부터 제거하고자 하는 성분을 용매 쪽으로 이동시키는 방법이다. 용매추출에 사용하는 용매의 선택기준으로 옳은 것은?**

① 낮은 분배계수를 가질 것

② 끓는점이 낮을 것

③ 물에 대한 용해도가 높을 것

④ 밀도가 물과 같을 것

ADVICE 용매추출에 사용하는 용매 선택기준

㉠ 높은 분배계수를 가질 것 = 소수성

㉡ 끓는점이 낮을 것 = 휘발성이 높을 것

㉢ 물에 대한 용해도가 낮을 것

㉣ 밀도가 물과 다를 것

18 **Sone은 음의 감각적인 크기를 나타내는 척도로 중심주파수 1,000Hz의 옥타브 밴드레벨 40dB의 음, 즉 40phon을 기준으로 하여 그 해당하는 음을 1Sone이라 할 때, 같은 주파수에서 2Sone에 해당하는 dB은?**

① 50

② 60

③ 70

④ 80

ADVICE 관계식 $\text{Sone} = 2^{(\text{Phon}-40)/10}$에서 $2 = 2^{(\text{Phon}-40)/10}$를 풀면 2Sone = 50Phon이다. 이는 주파수 1,000Hz에서 50dB에 해당한다.

ANSWER 13.④ 14.③ 15.③ 16.① 17.② 18.①

19 오염된 토양의 복원기술 중에서 원위치(in-situ) 처리기술이 아닌 것은?

① 토양세정(soil flushing)

② 바이오벤팅(bioventing)

③ 토양증기추출(soil vapor extraction)

④ 토지경작(land farming)

ADVICE 토지경작(land farming)은 비원위치(ex-situ) 처리기술에 속한다.

※ 오염된 토양의 복원기술 분류

Class		Remediation technology
In-situ treatment technology	Biological treatment	Bioventing Enhanced biodgradation Natural attenuation Phytoremediation
	Physical/chemical treatment	Chemical oxidation Electrokinetic separation Fracturing Soil flushing Soil vapor extraction Solidification/stabilization
	Thermal treatment	Thermal treatment
Ex-situ treatment technology	Biological treatment	Biopiles Land farming Composting Slurry-phase biological treatment
	Physical/chemical treatment	Chemical extraction Chemical reduction/oxidation Dehalogenation Soil washing Separation Solidification/stabilization
	Thermal treatment	Hot gas decontamination Incineration Open burn/open detonation Pyrolysis Thermal desorption

20 소음에 대한 설명으로 옳은 것은?

① 소리(sound)는 비탄성 매질을 통해 전파되는 파동(wave) 현상의 일종이다.

② 소음의 주기는 1초당 사이클의 수이고, 주파수는 한 사이클당 걸리는 시간으로 정의된다.

③ 환경소음의 피해 평가지수는 소음원의 종류에 상관없이 감각소음레벨(PNL)을 활용한다.

④ 소음저감 기술은 음의 흡수, 반사, 투과, 회절 등의 기본개념과 밀접한 상관관계가 있다.

ADVICE ① 탄성파의 일종인 소리(sound)는 탄성 매질을 통해 전파되는 파동(wave) 현상의 일종이다.
② 소음의 진동수(주파수)는 1초당 사이클의 수이고, 주기는 한 사이클당 걸리는 시간으로 정의된다.
③ 환경소음의 피해 평가지수는 소음원의 종류에 따라 다르다.

ANSWER 19.④ 20.④

2019. 6. 15. 제2회 서울특별시 시행

1 **온실가스로 분류되는 육불화황(SF_6), 이산화탄소(CO_2), 메탄(CH_4)을 지구온난화지수(Global Warming Potential, GWP)가 큰 순서대로 바르게 나열한 것은?**

① $SF_6 > CH_4 > CO_2$
② $CO_2 > CH_4 > SF_6$
③ $SF_6 > CO_2 > CH_4$
④ $CH_4 > CO_2 > SF_6$

ADVICE 지구온난화지수(GWP : Global Warming Potential)는 이산화탄소가 지구온난화에 미치는 영향을 기준으로 다른 온실가스가 지구온난화에 기여하는 정도를 나타낸 것으로, 단위 질량 당 온난화 효과를 지수화한 것이다. 교토의정서는 온실가스 배출량 계산에 이 지구온난화지수를 사용하고 있다.

※ 크기 순위 … 이산화탄소(CO_2) (1) < 메탄(CH_4) (21) < 아산화질소(N_2O) (310) < 수소불화탄소(HFC) (1,300) < 육불화황(SF_6) (23,900)

2 **0.2N/m^2의 음압을 음압 레벨로 나타내면 몇 dB인가? (단, P_0(기준음압의 실효치)=2×10^{-5}N/m^2)**

① 40
② 80
③ 100
④ 60

ADVICE 음압 레벨(sound pressure level, Lp)은 음압(P)과 기준 음압(P_0)과의 비율을 로그 규모로 표현한 것이며, 이때 음압은 실효치(root mean square)를 사용한다.

$$L_p = 10\log_{10}\left(\frac{P^2}{P_0^2}\right) = 20\log_{10}\left(\frac{P}{P_0}\right) = 20\log_{10}\left(\frac{2\times10^{-1}\text{N/m}^2}{2\times10^{-5}\text{N/m}^2}\right) = 80$$

3 수용액에서 수소 이온과 음이온으로 거의 완전히 해리되는 산은 강산(强酸)에 속한다. 표준상태에서 강산에 해당하지 않는 것은?

① HF
② HI
③ HNO_3
④ HBr

ADVICE 할로겐화수소(HX) 중 HF(불화수소)만 약산이고 나머지(HCl, HBr, HI)는 모두 강산이다. 질산(HNO_3), 황산(H_2SO_4)은 대표적인 강산이다.

4 수용액과 평형상태를 유지하고 있는 공기의 전압이 0.8atm일 때 수중의 산소 농도[mg/L]는? (단, 산소의 헨리상수는 40mg/L · atm로 한다.)

① 약 3.2
② 약 6.7
③ 약 8.4
④ 약 32

ADVICE 헨리의 법칙(Henry's law)은 "동일한 온도에서, 같은 양의 액체에 용해될 수 있는 기체의 양은 기체의 부분압력과 정비례한다."는 내용으로, 용해도가 낮고 반응성이 작은 기체에 적용된다($c=kp$, c는 용질의 농도, k는 헨리상수).

$c=kp=40\text{mg/L}\cdot\text{atm}\times(0.8\times0.21)\text{atm}=6.72\text{mg/L}$ (공기 중 산소의 비율은 약 21%)

5 다음 표시된 압력 중 가장 낮은 것은?

① 1atm
② $8mH_2O$
③ 700mmHg
④ 100,000Pa

ADVICE 압력단위별 크기 비교

1atm = 760mmHg = 10,332mmH_2O = 101,325Pa = 101.325kPa = 1013.25hPa

① 1atm

② $8mH_2O\times\dfrac{1atm}{10.332mH_2O}=0.774atm$

③ $700mmHg\times\dfrac{1atm}{760mmHg}=0.921atm$

④ $100{,}000Pa\times\dfrac{1atm}{101{,}325Pa}=0.986atm$

ANSWER 1.① 2.② 3.① 4.② 5.②

6 **대기오염 저감 장치인 습식 세정기에 대한 설명으로 가장 옳지 않은 것은?**

① 분무세정기, 사이클론, 스크러버는 습식제거장치에 포함된다.

② 가연성, 폭발성 먼지를 처리할 수 있다.

③ 부식의 잠재성이 크고, 유출수의 수질오염 문제가 발생할 수 있다.

④ 포집효율에 변화를 줄 수 있고, 가스흡수와 분진포집이 동시에 가능하다.

ADVICE ① 사이클론은 건식 세정기에 포함된다.

※ 집진장치의 종류

㉠ 습식 : 세정식 집진장치, 습식 전기 집진장치, 스크러버

㉡ 건식 : 중력식 집진장치, 관성력 집진장치, 원심력 집진장치(사이클론)

7 **동화작용과 이화작용에 대한 설명으로 가장 옳은 것은?**

① 동화작용은 세포 내 미토콘드리아에서 일어난다.

② 이화작용은 흡열반응으로 ATP(Adenosine Triphosphate)에서 인산기 하나가 떨어질 때, 약 7.3kcal의 에너지를 흡수한다.

③ 이화작용은 CO_2를 흡수하고 O_2를 방출한다.

④ 호흡은 대표적인 이화작용으로 유기물과 산소를 필요로 한다.

ADVICE ① 미토콘드리아는 이화작용이 일어나는 기관이다.

② 이화작용은 발열반응이다.

③ 이화작용은 O_2(산소)를 흡수하고 CO_2(이산화탄소)를 방출한다.

8 **대기오염물질 확산에 대한 설명으로 가장 옳지 않은 것은?**

① 바다와 육지의 자외선 흡수차이에 의해서 낮에는 해풍이 불고 밤에는 육풍이 분다.

② 복사역전은 야간의 방사냉각에 의하여 지표면 부근의 공기가 냉각되어 생겨나는 역전층이다.

③ 침강역전은 고기압에서 하강기류가 있는 곳에 발생할 수 있다.

④ 지형역전은 산의 계곡이나 분지와 같이 오목한 지형에서 발생할 수 있다.

ADVICE 낮에 해풍이 불고 밤에 육풍이 부는 현상은 자외선 흡수 차이에 의해서 나타나는 것이 아니라 바다와 육지의 비열(열용량) 차이에 의한 것이다.

9 **환경위해성평가의 오차발생요인과 한계점으로 가장 옳지 않은 것은?**

① 유해작용에 대한 관찰 조건의 차이에 따른 어려움

② 실험모델의 부적절성

③ 불확실성 인자들 측정의 어려움

④ 너무 많은 유해물질에 관한 정보

ADVICE 유해물질에 관한 정보가 많다고 해서 환경위해성평가의 오차나 한계가 발생할 위험이 커지지 않는다.

10 **물 속 조류의 생장과 관련된 설명으로 가장 옳은 것은?**

① 조류가 이산화탄소를 섭취함에 따라 물 속의 알칼리도가 중탄산으로부터 탄산으로, 그리고 탄산으로부터 수산화물로 변화하는데, 이때의 총알칼리도는 일정하게 된다.

② 조류는 세포를 만들기 위해 수중의 중탄산이온을 이용하는 종속영양생물이다.

③ 조류가 번성하는 얕은 물에서는 물의 pH가 약산을 나타낸다.

④ 야간에는 조류의 호흡작용으로 인해 산소가 생성되고 이산화탄소가 소모되기에 pH가 높아지게 된다.

ADVICE ② 조류는 광합성을 하는 독립영양생물이다.
③ 수중에 조류가 번성하는 경우 광합성 과정이 수반되어 수중 이산화탄소 양이 감소하게 된다. 따라서 물의 pH가 증가하여 약염기성을 띠는 경우가 많다.
④ 야간에는 조류의 호흡작용으로 인해 산소가 소비되고 이산화탄소가 증가됨에 따라 pH가 낮아져 약산성을 띠게 된다.

11 **소각시스템에 대한 설명으로 가장 옳지 않은 것은?**

① 폐기물처리시설은 반입·공급설비, 연소설비, 연소가스 냉각설비, 배가스 처리 설비, 통풍설비, 소각재반출설비 등으로 구성되어 있다.

② 스토커 연소장비의 화격자는 손상이 적게 가도록 그 구조와 운동방식을 고려하여 내열, 내마모성이 우수한 재료를 사용한다.

③ 연소가스 냉각설비는 연소가스가 보유하고 있는 유효한 열에너지를 회수하는 것은 물론 연소가스 온도를 냉각시켜 소각로 이후의 설비를 부식으로부터 보호한다.

④ 유동상식 연소장치는 유동층 매체를 300~400℃로 유지하여 대상물을 유동상태에서 소각한다.

ADVICE 유동상식 연소장치는 유동층 내 온도를 700~800℃ 정도로 유지한다.

ANSWER 6.① 7.④ 8.① 9.④ 10.① 11.④

12 도시 쓰레기의 성분 중 비가연성 부분이 중량비로 50%일 때 밀도가 100kg/m^{3}인 쓰레기 10m^{3}가 있다. 이 때 가연성 물질의 양[kg]은?

① 300　　② 500
③ 700　　④ 1,000

ADVICE 가연성 폐기물의 중량비 = 100% - 50%(비가연성 부분 중량비) = 50%
가연성 물질량 = 100kg/m^3 × 10m^3 × 50% = 500kg

13 오염된 지하수의 Darcy 속도가 0.1m/day이고, 공극률이 0.25일 때 오염원으로부터 200m 떨어진 지점에 도달하는데 걸리는 시간은?

① 약 0.9년　　② 약 1.4년
③ 약 2.4년　　④ 약 3.9년

ADVICE 오염된 지하수의 속도 $v = \frac{Darcy\ 속도}{공극률} = \frac{v_D}{n} = \frac{0.1\text{m/day}}{0.25} = 0.4\text{m/day}$

$t = \frac{s}{v} = \frac{200\text{m}}{0.4\text{m/day}} \times \frac{1\text{year}}{365\text{days}} = 1.37\text{years}$

14 1M 황산 100mL의 노르말 농도(normality, N)는 얼마인가? (단, 수소, 황, 산소 원자의 몰질량은 각각 순서대로 1g/mol, 32g/mol, 16g/mol이다.)

① 0.1N　　② 0.2N
③ 1N　　④ 2N

ADVICE 노르말 농도 = 몰 농도 × 당량 수
황산(H_2SO_4)은 2가 산이므로 1M × 2 = 2N이다.

15 **활성탄 흡착법을 이용한 오염물질 처리에 대한 설명으로 가장 옳지 않은 것은?**

① 분자량이 큰 물질일수록 흡착이 잘 된다.

② 불포화유기물이 포화유기물보다 흡착이 잘 된다.

③ 방향족의 고리수가 많을수록 흡착이 잘 된다.

④ 용해도가 높은 물질일수록 흡착이 잘 된다.

ADVICE 용해도가 낮은 물질일수록 흡착이 잘 된다.

16 **기후에 영향을 미치는 다양한 요인들에 대한 설명 중 가장 옳지 않은 것은?**

① 빛은 대기 중의 입자성 물질에 의해 반사되고, 반사가 많을수록 지구에 도달하는 빛 에너지는 적어지게 된다.

② 대기 중 이산화탄소에 의해 지구로부터 방출되는 적외선의 통과가 방해를 받게 되어 온실효과가 나타난다.

③ 염소원자들이 성층권에 유입되면 오존층을 분쇄시키는 반응의 촉매작용을 한다.

④ 성층권에 있는 오존은 태양으로부터의 자외선을 막아주는 차단막 역할을 하며, 낮은 대기층에서의 오존은 식물이 성장하는데 필요한 산소를 공급하는 역할을 한다.

ADVICE 성층권에 있는 오존은 태양으로부터 자외선을 막아주는 차단막 역할을 하나, 낮은 대기층인 대류권에 있는 오존은 강한 산화력으로 인하여 일정 수준 이상으로 농도가 높아질 경우 호흡곤란, 메스꺼움, 기관지염, 눈따끔거림을 유발할 수 있으며, 농작물 수확량 감소 등을 나타내어 우리에게 해를 끼친다.

ANSWER 12.② 13.② 14.④ 15.④ 16.④

17 「지하수법 시행령」상 환경부장관이 수립하는 지하수의 수질관리 및 정화계획에 포함해야 할 사항으로 가장 옳지 않은 것은?

① 지하수의 수질보호계획
② 지하수 오염의 현황 및 예측
③ 지하수의 조사 및 이용계획
④ 지하수의 수질에 관한 정보화계획

ADVICE 지하수의 수질관리 및 정화계획에 포함되어야 할 사항〈지하수법 시행령 제7조 제5항〉
㉠ 지하수의 수질관리 및 정화계획에 관한 기본방향
㉡ 지하수 오염의 현황 및 예측
㉢ 지하수의 수질보호계획
㉣ 삭제
㉤ 지하수의 수질에 관한 정보화계획
㉥ 그 밖에 지하수의 수질관리 및 정화에 필요한 사항

18 라돈(Radon, Rn)에 대한 설명으로 가장 옳지 않은 것은?

① Rn-222는 Ra-226의 방사성 붕괴로 인하여 생성된다.
② 라돈은 알파 붕괴(alpha decay)를 통해 알파입자를 방출한다.
③ 표준상태에서 라돈은 공기보다 가볍기 때문에 대기 중에서 확산이 용이하다.
④ 라돈의 반감기는 대략 3.8일이다.

ADVICE 라돈은 공기보다 무거운 기체로 대기 중에 지표 가까이에 존재한다.
※ 라돈의 특징
㉠ 원소기호 Rn, 원자번호 86의 비활성기체
㉡ 우라늄과 토륨의 붕괴 시 발생되는 방사성물질
㉢ 가장 안정적인 동위원소는 Rn-222으로 Ra-226의 방사성 붕괴로 인해 생성될 수 있으며, 반감기는 3.8일
㉣ 무색, 무취, 무미의 기체
㉤ 밀도(9.73g/L)가 공기 평균(1.23g/L)보다 높아 지표 가까이에 존재하므로 쉽게 흡입
㉥ 폐에 흡입되면 α선을 방출하여 폐암을 유발하는 1급 발암물질. 실내공기 중에서 흡연 다음으로 폐암을 유발하는 원인물질이며, 전 세계 폐암 발생의 3~14%가 라돈에 의한 것(WHO)
㉦ 사람이 연간 노출되는 방사선의 82%는 자연방사선에 의한 것이고, 그 중에서 대부분은 라돈에 의한 것
㉧ 암석(퇴적암〈화강암)에서 주로 발생하며, 배수구, 건물바닥, 지하실 벽의 갈라진 틈을 통하여 실내에 유입되며 건축자재를 통해 인체에 유입
㉨ 지하 공간에서 라돈 농도가 높게 나타남(지하철 역사, 지하도상가, 반지하, 지하주차장 등)

19 수산화칼슘과 탄산수소칼슘은 〈보기〉와 같은 화학반응을 통하여 탄산칼슘의 침전물을 형성한다고 할 때, 37g의 수산화칼슘을 사용할 경우 생성되는 탄산칼슘의 침전물의 양[g]은? (단, Ca의 분자량은 40이다.)

〈보기〉

$$Ca(OH)_2 + Ca(HCO_3)_2 \rightarrow 2CaCO_3(s) + 2H_2O$$

① 50　　② 100

③ 150　　④ 200

ADVICE

	$Ca(OH)_2$	+ $Ca(HCO_3)_2$	→ $2CaCO_3(s)$	+ $2H_2O$
분자량 비	74	162	2×100	2×18
사용량 비	37g		xg	

$74 : 37 = 200 : x$, $x = 100$g

20 대기오염물질 배출원에 대한 설명으로 가장 옳지 않은 것은?

① 화산폭발, 산불, 먼지폭풍, 해양 등은 자연적 배출원에 해당한다.

② 배출원을 물리적 배출형태로 구분하면 고정배출원과 이동배출원으로 나눌 수 있다.

③ 이동배출원은 배출규모나 형태에 따라 점오염원과 면오염원으로 분류된다.

④ 일반적으로 선오염원은 배출구 위치가 낮아 대기확산이 어렵기 때문에 점오염원에 비해 지표면에 직접적인 영향을 미친다.

ADVICE 이동배출원은 인위적 발생원으로 선오염원에 속한다.

※ 대기오염물질 발생원별 분류

㉠ 자연적 발생원 : 인간의 활동과 관계없이 대기오염물질을 발생시키는 배출원

㉡ 인위적 발생원

- 점오염원(Point Source) : 하나의 시설이 대량의 오염물질 배출(발전소, 대규모 공장 등)
- 면오염원(Area Source) : 일정면적 내에 소규모 발생원 다수가 모여 오염물질 배출(주택 등)
- 선오염원(Line Source): : 이동하면서 오염물질을 연속적으로 배출(자동차, 기차, 비행기, 선박 등)

ANSWER 17.③ 18.③ 19.② 20.③

2020. 6. 13. 제1회 지방직 / 제2회 서울특별시 시행

1 토양오염 처리기술 중 토양증기 추출법(Soil Vapor Extraction)에 대한 설명으로 옳지 않은 것은?

① 오염 지역 밖에서 처리하는 현장외(ex-situ) 기술이다.

② 대기오염을 방지하려면 추출된 기체의 후처리가 필요하다.

③ 오염물질에 대한 생물학적 처리 효율을 높여줄 수 있다.

④ 추출정 및 공기 주입정이 필요하다.

ADVICE 토양증기 추출법(SVE)은 진공추출이라고도 하며, 불포화대수층에 가스추출정을 설치하여 토양을 진공 상태로 만들어 휘발성 및 준휘발성 물질을 제거하는 원위치(in-situ) 지중처리 기술이다.

2 염소의 주입으로 발생되는 결합잔류염소와 유리염소의 살균력 크기를 순서대로 바르게 나열한 것은?

① HOCl > OCl- > NH_2Cl

② NH_2Cl > HOCl > OCl^-

③ OCl^- > NH_2Cl > HOCl

④ HOCl > NH_2Cl > OCl^-

ADVICE 살균력 크기 … 하이포아염소산(HOCl) > 하이포아염소산이온(OCl^-) > 클로라민*

※ 클로라민(chloramine)은 수돗물의 정화에 쓰이는 암모니아와 염소가 반응하여 생성되는 무색의 액체로서 NH_2Cl, $NHCl_2$, NCl_3 형태로 나타난다. 하이포아염소산(HOCl), 하이포아염소산 이온(OCl >)를 유리염소라 부르고, 클로라민은 그와 구별해서 결합염소라고 부른다. 상수를 만드는 과정에서 쓰이는 클로라민은 오존, 하이포아염소산(HOCl), 하이포아염소산이온(OCl^-)보다 살균력이 떨어진다. 그러나 클로라민을 쓰면 유리염소를 쓸 때보다 살균작용이 오래 지속되는 장점이 있다.

3 「신에너지 및 재생에너지 개발 · 이용 · 보급 촉진법」상 재생에너지에 해당하지 않는 것은?

① 지열에너지
② 수력
③ 풍력
④ 연료전지

ADVICE 연료전지는 「신에너지 및 재생에너지 개발 · 이용 · 보급 촉진법」에 따른 신에너지가 아니라 재생에너지에 해당한다.

※ 「신에너지 및 재생에너지 개발 · 이용 · 보급 촉진법」

제2조(정의) 이 법에서 사용하는 용어의 뜻은 다음과 같다.

1. "신에너지"란 기존의 화석연료를 변환시켜 이용하거나 수소 · 산소 등의 화학 반응을 통하여 전기 또는 열을 이용하는 에너지로서 다음 각 목의 어느 하나에 해당하는 것을 말한다.
   가. 수소에너지
   나. 연료전지
   다. 석탄을 액화 · 가스화한 에너지 및 중질잔사유(重質殘渣油)를 가스화한 에너지로서 대통령령으로 정하는 기준 및 범위에 해당하는 에너지
   라. 그 밖에 석유 · 석탄 · 원자력 또는 천연가스가 아닌 에너지로서 대통령령으로 정하는 에너지
2. "재생에너지"란 햇빛 · 물 · 지열(地熱) · 강수(降水) · 생물유기체 등을 포함하는 재생 가능한 에너지를 변환시켜 이용하는 에너지로서 다음 각 목의 어느 하나에 해당하는 것을 말한다.
   가. 태양에너지
   나. 풍력
   다. 수력
   라. 해양에너지
   마. 지열에너지
   바. 생물자원을 변환시켜 이용하는 바이오에너지로서 대통령령으로 정하는 기준 및 범위에 해당하는 에너지
   사. 폐기물에너지(비재생폐기물로부터 생산된 것은 제외한다)로서 대통령령으로 정하는 기준 및 범위에 해당하는 에너지
   아. 그 밖에 석유 · 석탄 · 원자력 또는 천연가스가 아닌 에너지로서 대통령령으로 정하는 에너지

4 연소공정에서 발생하는 질소산화물(NO_x)을 감소시킬 수 있는 방법으로 적절하지 않은 것은?

① 연소 온도를 높인다.
② 화염구역에서 가스 체류시간을 줄인다.
③ 화염구역에서 산소 농도를 줄인다.
④ 배기가스의 일부를 재순환시켜 연소한다.

ADVICE 연소 온도를 높이면 NO_x 발생량은 증가한다. NO_x 발생량을 줄이기 위해서는 연소 시 저온, 저산소, 저질소 성분 연료를 사용하고 2단 연소를 하는 것이 중요하다.

ANSWER 1.① 2.① 3.④ 4.①

5 지하수 흐름 관련 Darcy 법칙에 대한 설명으로 옳지 않은 것은?

① 다공성 매질을 통해 흐르는 유체와 관련된 법칙이다.

② 콜로이드성 진흙과 같은 미세한 물질에서의 지하수 이동을 잘 설명한다.

③ 유량과 수리적 구배 사이에 선형성이 있다고 가정한다.

④ 매질이 다공질이며 유체의 흐름이 난류인 경우에는 적용되지 않는다.

ADVICE 다르시(Darcy) 법칙은 투수가 잘 되는 다공질 매질일 경우에 적용된다. 따라서 콜로이드성 진흙과 같은 미세한 물질에서의 지하수 이동은 잘 설명할 수 없다.

※ Darcy 법칙의 가정

㉠ 다공층을 구성하고 있는 물질의 특성이 균일하고 동질이다.

㉡ 대수층(aquifer) 내에 모관수대가 존재하지 않는다.

㉢ 흐름은 층류이다.

[참고] Darcy 법칙은 유속이 느린 점성 흐름에 대해서만 유효한데, 대부분의 지하수의 흐름에는 Darcy 법칙을 적용할 수 있다. 일반적으로 레이놀즈 수가 1보다 작은 흐름은 층류이고 Darcy 법칙을 적용할 수 있으며, 실험에 의하면 레이놀즈 수가 약 10 정도인 흐름까지도 Darcy 법칙을 적용할 수 있다.

6 '먹는물 수질기준'에 대한 설명으로 옳지 않은 것은?

① '먹는물'이란 먹는 데에 일반적으로 사용하는 자연 상태의 물, 자연 상태의 물을 먹기에 적합하도록 처리한 수돗물, 먹는샘물, 먹는염지하수, 먹는해양심층수 등을 말한다.

② 먹는샘물 및 먹는염지하수에서 중온일반세균은 100CFUmL^{-1}을 넘지 않아야 한다.

③ 대장균 · 분원성 대장균군에 관한 기준은 먹는샘물, 먹는염지하수에는 적용하지 아니한다.

④ 소독제 및 소독부산물질에 관한 기준은 먹는샘물, 먹는염지하수, 먹는해양심층수 및 먹는물공동시설의 물의 경우에는 적용하지 아니한다.

ADVICE 「먹는물 수질기준 및 검사 등에 관한 규칙」 제2조 및 [별표 1] 먹는물의 수질기준 중 일반세균에 대해서 "일반세균은 1mL 중 100CFU(Colony Forming Unit)를 넘지 아니할 것. 다만, 샘물 및 염지하수의 경우에는 저온일반세균은 20CFU/mL, 중온일반세균은 5CFU/mL를 넘지 아니하여야 하며, 먹는샘물, 먹는염지하수 및 먹는해양심층수의 경우에는 병에 넣은 후 4℃를 유지한 상태에서 12시간 이내에 검사하여 저온일반세균은 100CFU/mL, 중온일반세균은 20CFU/mL를 넘지 아니할 것"이라고 규정하고 있다.

7 25℃에서 하천수의 pH가 9.0일 때, 이 시료에서 $[HCO_3^-]/[H_2CO_3]$의 값은? (단, $H_2CO_3 \rightleftharpoons H^+ + HCO_3^-$이고, 해리상수 $K = 10^{-6.7}$이다)

① $10^{1.7}$　② $10^{-1.7}$

③ $10^{2.3}$　④ $10^{-2.3}$

ADVICE $H_2CO_3 \rightleftharpoons H^+ + HCO_3^-$이고, 해리상수 $K = \frac{[H^+][HCO_3^-]}{[H_2CO_3]} = 10^{-6.7}$에서

$$\frac{[HCO_3^-]}{[H_2CO_3]} = \frac{K}{[H^+]} = \frac{10^{-6.7}}{10^{-9}} = 10^{2.3}$$

8 고도 하수 처리 공정에서 질산화 및 탈질산화 과정에 대한 설명으로 옳은 것은?

① 질산화 과정에서 질산염이 질소(N_2)로 전환된다.

② 탈질산화 과정에서 아질산염이 질산염으로 전환된다.

③ 탈질산화 과정에 *Nitrobacter* 속 세균이 관여한다.

④ 질산화 과정에서 암모늄이 아질산염으로 전환된다.

ADVICE ① 질산화 과정에서 질소 가스가 암모니아성 질소(암모늄염) → 아질산성 질소(아질산염) → 질산성 질소(질산염)로 전환된다.

② 탈질산화 과정에서 질산염 → 아질산염 → 질소 기체로 전환된다.

③ 탈질산화 과정에 관여하는 탈질산균에는 *Pseudomonas*, *Micrococcus*, *Achromobacter* 등이 있다. 질산화 과정에 관여하는 균으로는 아질산균(*Nitrosomonas*), 질산균(*Nitrobacter*) 등이 있다.

ANSWER 5.② 6.② 7.③ 8.④

9 수도법령상 일반수도사업자가 준수해야 할 정수처리기준에 따라, 제거하거나 불활성화하도록 요구되는 병원성 미생물에 포함되지 않는 것은?

① 바이러스

② 크립토스포리디움 난포낭

③ 살모넬라

④ 지아디아 포낭

ADVICE 일반수도사업자는 광역상수도와 지방상수도에 대하여 취수지점부터 정수장의 정수지 유출지점까지의 구간에서 바이러스, 지아디아 포낭, 크립토스리디움 난포낭을 일정 비율 이상 제거하여야 한다.

※ 「수도법 시행규칙」 제18조의2(정수처리기준 등)

㉠ 일반수도사업자가 지켜야 하는 정수처리기준은 다음과 같다.

- 취수지점부터 정수장의 정수지 유출지점까지의 구간에서 바이러스를 1만분의 9천999 이상 제거하거나 불활성화할 것
- 취수지점부터 정수장의 정수지 유출지점까지의 구간에서 지아디아 포낭(包囊)을 1천분의 999 이상 제거하거나 불활성화할 것
- 취수지점부터 정수장의 정수지 유출지점까지의 구간에서 크립토스포리디움 난포낭(卵胞囊)을 1백분의 99 이상 제거할 것

㉡ 정수처리기준을 지켜야 하는 시설의 범위는 다음과 같다.

- 광역상수도
- 지방상수도

10 대기오염 방지장치인 전기집진장치(ESP)에 대한 설명으로 옳지 않은 것은?

① 처리가스의 속도가 너무 빠르면 처리 효율이 저하될 수 있다.

② 작은 압력손실로도 많은 양의 가스를 처리할 수 있다.

③ 먼지의 비저항이 너무 낮거나 높으면 제거하기가 어려워진다.

④ 지속적인 운영이 가능하고, 최초 시설 투자비가 저렴하다.

ADVICE 전기집진장치(electrostatic precipitator)는 코로나 방전을 이용하여 유입된 입자에 전하를 부여하고 극성을 가진 분진을 전기장 속으로 이동시켜서 부착 제거한다. 초기 시설비는 고가이나 입경 분포가 광범위한 입자의 제거에 효과적이며 압력손실이 적고 고온가스에도 유리하다.

11 연간 폐기물 발생량이 5,000,000톤인 지역에서 1일 작업시간이 평균 6시간, 1일 평균 수거인부가 5,000명이 소요되었다면 폐기물 수거 노동력(MHT) [man hr ton^{-1}]은? (단, 연간 200일 수거한다)

① 0.20
② 0.83
③ 1.20
④ 2.19

ADVICE $MHT = \frac{5,000\,man \times 6hr/day \times 200day}{5,000,000} = 1.2MHT$

12 소리의 굴절에 대한 설명으로 옳지 않은 것은?

① 굴절은 소리의 전달경로가 구부러지는 현상을 말한다.
② 굴절은 공기의 상하 온도 차이에 의해 발생한다.
③ 정상 대기에서 낮 시간대에는 음파가 위로 향한다.
④ 음파는 온도가 높은 쪽으로 굴절한다.

ADVICE 음파는 밀도가 큰 쪽, 온도가 낮은 쪽으로 굴절한다.

13 활성슬러지 공정에서 발생할 수 있는 운전상의 문제점과 그 원인으로 옳지 않은 것은?

① 슬러지 부상 – 탈질화로 생성된 가스의 슬러지 부착
② 슬러지 팽윤(팽화) – 포기조 내의 낮은 DO
③ 슬러지 팽윤(팽화) – 유기물의 과도한 부하
④ 포기조 내 갈색거품 – 높은 F/M(먹이/미생물) 비

ADVICE 포기조 표면에 황갈색 내지는 흑갈색 거품이 짙게 나타나는 경우는 대개 너무 긴 SRT에 원인이 있다. 즉, 세포가 과도하게 산화되었음을 나타내는데 이는 매일 조금씩 SRT를 감소시켜 해소한다.

ANSWER 9.③ 10.④ 11.③ 12.④ 13.④

14 악취방지법령상 지정악취물질은?

① H_2S ② CO

③ N_2 ④ N_2O

ADVICE 보기 중 악취를 발생하는 물질로는 황화수소 밖에 없다.

※ 「악취방지법 시행규칙」 [별표 1] 지정악취물질(제2조 관련)

종류	적용시기
1. 암모니아 2. 메틸메르캅탄 3. 황화수소 4. 다이메틸설파이드 5. 다이메틸다이설파이드 6. 트라이메틸아민 7. 아세트알데하이드 8. 스타이렌 9. 프로피온알데하이드 10. 뷰틸알데하이드 11. n-발레르알데하이드 12. i-발레르알데하이드	2005년 2월 10일부터
13. 톨루엔 14. 자일렌 15. 메틸에틸케톤 16. 메틸아이소뷰틸케톤 17. 뷰틸아세테이트	2008년 1월 1일부터
18. 프로피온산 19. n-뷰틸산 20. n-발레르산 21. i-발레르산 22. i-뷰틸알코올	2010년 1월 1일부터

15 열분해 공정에 대한 설명으로 옳지 않은 것은?

① 산소가 없는 상태에서 열을 공급하여 유기물을 기체상, 액체상 및 고체상 물질로 분리하는 공정이다.

② 외부열원이 필요한 흡열반응이다.

③ 소각 공정에 비해 배기가스량이 적다.

④ 열분해 온도에 상관없이 일정한 분해산물을 얻을 수 있다.

ADVICE 열분해 온도가 높을수록 기체상의 비율이 증가한다. 따라서 열분해 온도에 따라 분해산물이 달라지므로 ④는 틀린 설명이다.

16 미세먼지에 대한 설명으로 옳은 것만을 모두 고르면?

㉠ 미세먼지 발생원은 자연적인 것과 인위적인 것으로 구분된다.
㉡ 질소산화물이 대기 중의 수증기, 오존, 암모니아 등과 화학반응을 통해서도 미세먼지가 발생한다.
㉢ NH_4NO_3, $(NH_4)_2SO_4$는 2차적으로 발생한 유기 미세입자이다.
㉣ 환경정책기본법령상 대기환경기준에서 먼지에 관한 항목은 TSP, PM-10, PM-2.5이다.

① ㉠, ㉡
② ㉢, ㉣
③ ㉠, ㉡, ㉢
④ ㉠, ㉡, ㉣

ADVICE ㉢ 질산암모늄(NH_4NO_3)과 황산암모늄($(NH_4)_2SO_4$)은 1차 대기오염물질이다.
㉣ 환경정책기본법령상 대기환경기준에서 먼지에 관한 항목은 PM-10과 PM-2.5의 두 가지이다.

17 폐기물 매립처분 방법 중 위생 매립의 장점이 아닌 것은?

① 매립시설 설치를 위한 부지 확보가 가능하면 가장 경제적인 매립 방법이다.
② 위생 매립지는 복토 작업을 통해 매립지 투수율을 증가시켜 침출수 관리를 용이하게 한다.
③ 처분대상 폐기물의 증가에 따른 추가 인원 및 장비 소요가 크지 않다.
④ 안정화 과정을 거친 부지는 공원, 운동장, 골프장 등으로 이용될 수 있다.

ADVICE 위생 매립지는 복토 작업과 차수 시설을 통해 매립지 투수율을 감소시킨다.

ANSWER 14.① 15.④ 16.① 17.②

18 폐기물관리법령에서 정한 지정폐기물 중 오니류, 폐흡착제 및 폐흡수제에 함유된 유해물질이 아닌 것은?

① 유기인 화합물

② 니켈 또는 그 화합물

③ 테트라클로로에틸렌

④ 납 또는 그 화합물

ADVICE 지정폐기물에 함유된 유해물질〈폐기물관리법 시행규칙 별표 1〉

※ 오니류 · 폐흡착제 및 폐흡수제에 함유된 유해물질

가. 납 또는 그 화합물[「환경분야 시험 · 검사 등에 관한 법률」 제6조 제1항 제7호에 따라 환경부장관이 고시한 폐기물 분야에 대한 환경오염공정시험기준(이하 "폐기물공정시험기준"이라 한다)에 따른 용출시험 결과 용출액 1리터당 3밀리그램 이상의 납을 함유한 경우만 해당한다]

나. 구리 또는 그 화합물[폐기물공정시험기준에 의한 용출시험 결과 용출액 1리터당 3밀리그램 이상의 구리를 함유한 경우만 해당한다]

다. 비소 또는 그 화합물[폐기물공정시험기준에 의한 용출시험 결과 용출액 1리터당 1.5밀리그램 이상의 비소를 함유한 경우만 해당한다]

라. 수은 또는 그 화합물[폐기물공정시험기준에 의한 용출시험 결과 용출액 1리터당 0.005밀리그램 이상의 수은을 함유한 경우만 해당한다]

마. 카드뮴 또는 그 화합물[폐기물공정시험기준에 의한 용출시험 결과 용출액 1리터당 0.3밀리그램 이상의 카드뮴을 함유한 경우만 해당한다]

바. 6가 크롬화합물[폐기물공정시험기준에 의한 용출시험 결과 용출액 1리터당 1.5밀리그램 이상의 6가크롬을 함유한 경우만 해당한다]

사. 시안화합물[폐기물공정시험기준에 의한 용출시험 결과 용출액 1리터당 1밀리그램 이상의 시안화합물을 함유한 경우만 해당한다]

아. 유기인화합물[폐기물공정시험기준에 의한 용출시험 결과 용출액 1리터당 1밀리그램 이상의 유기인화합물을 함유한 경우만 해당한다]

자. 테트라클로로에틸렌[폐기물공정시험기준에 의한 용출시험 결과 용출액 1리터당 0.1밀리그램 이상의 테트라클로로에틸렌을 함유한 경우만 해당한다]

차. 트리클로로에틸렌[폐기물공정시험기준에 의한 용출시험 결과 용출액 1리터당 0.3밀리그램 이상의 트리클로로에틸렌을 함유한 경우만 해당한다]

카. 기름성분(중량비를 기준으로 하여 유해물질을 5퍼센트 이상 함유한 경우만 해당한다)

타. 그 밖에 환경부장관이 정하여 고시하는 물질

19 소음 측정 시 청감보정회로에 대한 설명으로 옳지 않은 것은?

① A회로는 낮은 음압레벨에서 민감하며, 소리의 감각 특성을 잘 반영한다.

② B회로는 중간 음압레벨에서 민감하며, 거의 사용하지 않는다.

③ C회로는 낮은 음압레벨에서 민감하며, 환경소음 측정에 주로 이용한다.

④ D회로는 높은 음압레벨에서 민감하며, 항공기 소음의 평가에 활용한다.

ADVICE C회로는 거의 평탄한 주파수 특성이므로 주파수 분석에 주로 이용한다.

③ A회로에 대한 설명이다.

※ 청감보정특성

보정회로	음압수준	신호보정	특성
A특성	40phon	저음역대	청감과의 대응성이 좋아 소음레벨 측정 시 주로 사용
B특성	70phon	중음역대	거의 사용하지 않음
C특성	85phon	고음역대	– 소음등급평가에 적절 – 거의 평탄한 주파수 특성이므로 주파수 분석 시 사용 – A특성치와 C특성치 간의 차가 크면 저주파음이고, 차가 작으면 고주파음이라 추정할 수 있음
D특성		고음역대	– 항공기 소음 평가시 사용 – A특성 청감보정곡선처럼 저주파 에너지를 많이 소거시키지 않음 – A특성으로 측정한 레벨보다 항상 큼
L/F 특성			물리적 특성 파악

20 0℃, 1기압에서 8g의 메탄(CH_4)을 완전 연소시키기 위해 필요한 공기의 부피[L]는? (단, 공기 중 산소의 부피 비율 = 20%, 탄소 원자량 = 12, 수소 원자량 = 1이다)

① 56 ② 112

③ 224 ④ 448

ADVICE $CH_4 + 2O_2 \rightarrow 2H_2O + CO_2$

분자량 비 16g : 2몰

실제 기체 8g : x몰

x = 1몰 = 22.4L O_2가 필요한데, 문제에서 공기 중 산소의 부피 비율을 20%로 제시하였으므로 전체 공기는

$22.4 \times \frac{100}{20} = 112$L가 필요하다.

ANSWER 18.② 19.③ 20.②

2021. 6. 5. 제1회 지방직 시행

1 주파수의 단위로 옳은 것은?

① mm/sec^2
② cycle/sec
③ cycle/mm
④ mm/sec

ADVICE 주파수의 단위는 cycle/시간이다. 보기 중에서는 ② cycle/sec가 조건에 맞는 단위이다.

2 어떤 수용액의 pH가 1.0일 때, 수소이온농도[mol/L]는?

① 10
② 1.0
③ 0.1
④ 0.01

ADVICE $[H^+] = 10^{-pH} = 10^{-1.0} = 0.1\,mol/L$

3 적조(red tide)의 원인과 일반적인 대책에 대한 설명으로 옳지 않은 것은?

① 적조의 원인생물은 편조류와 규조류가 대부분이다.
② 해상가두리 양식장에서 사용할 수 있는 적조대책으로 액화산소의 공급이 있다.
③ 해상가두리 양식장에서는 적조가 발생해도 평소와 같이 사료를 계속 공급하는 것이 바람직하다.
④ 적조생물을 격리하는 방안으로 해상가두리 주위에 적조차단막을 설치하는 방법 등이 있다.

ADVICE 적조현상은 질소, 인 등의 영양염류가 물속에 풍부하게 용존되어 있고, 일사량, 수온, 염분 등의 환경조건이 적절할 경우 플랑크톤이 대량 번식하여 발생한다. 물고기의 사료에는 영양염류가 풍부하므로 적조가 발생할 경우 양식장에 사료를 공급하면 오히려 적조 발생을 심화시키므로 적조현상에 대한 적절한 대책이 될 수 없다.

4 수중 유기물 함량을 측정하는 화학적산소요구량(COD) 분석에서 사용하는 약품에 해당하지 않는 것은?

① $K_2Cr_2O_7$
② $KMnO_4$
③ H_2SO4
④ C_6H_5OH

ADVICE 물속에 존재하는 유기물 또는 환원성 무기물질이 화학적 산화제인 중크롬산 칼륨 또는 과망간산칼륨의 산소에 의하여 산화될 때 화학적으로 안정한 탄산가스와 물로 변환되는데 필요한 산화제의 양으로 나타낸 값이며, 이를 Chemical Oxygen Demand(화학적산소요구량, COD)라 한다. 이러한 COD를 측정하기 위해서는 $K_2Cr_2O_7$, $KMnO_4$ 등의 강산화제를 사용하여 시험을 실시한다. 이때 시료를 산성 조건에서 준비하는 경우 황산을 주입하며, 염기성 조건에서 준비하는 경우 수산화나트륨을 사용하게 된다.

5 폐기물의 고형화처리에 대한 설명으로 옳지 않은 것은?

① 폐기물을 고형화함으로써 독성을 감소시킬 수 있다.
② 시멘트기초법은 무게와 부피를 증가시킨다는 단점이 있다.
③ 석회기초법은 석회와 함께 미세 포졸란(pozzolan)물질을 폐기물에 섞는 방법이다.
④ 유기중합체법은 화학적 고형화처리법이다.

ADVICE 고형화란 고형물을 포함하여 물질을 고형화시키는 충분한 양을 유해한 물질에 첨가하여 고형화된 물질 덩어리로 만드는 공정을 말한다. 고형화의 목적은 1) 폐기물을 다루기가 용이하게 하며, 2) 폐기물 표면적의 감소에 따른 폐기물 성분의 유출을 줄이고, 3) 폐기물 내 오염물질 이동성을 감소시키며, 4) 폐기물의 독성 감소이다. 대표적인 고형화 처리 방법은 시멘트 기초법, 석회 기초법, 자가시멘트화법, 유리화법, 열가소성 플라스틱법, 유기중합체법, 피막형성법 등이 있다.
〈오답풀이〉
④ 고령화 처리 방법은 첨가제의 종류에 따라 무기성 고형화와 유기성 고령화 분류되고, 유기중합체법은 유기성 고형화 처리법에 속한다.

ANSWER 1.② 2.③ 3.③ 4.④ 5.④

6 「실내공기질 관리법 시행규칙」상 다중이용시설에 적용되는 실내공기질 유지기준 항목이 아닌 것은?

① 총부유세균　　　　② 미세먼지(PM−10)

③ 이산화질소　　　　④ 이산화탄소

ADVICE 실내공기질 유지기준 항목은 미세먼지(PM-10), 미세먼지(PM-2.5), 이산화탄소, 폼알데하이드, 총부유세균, 일산화탄소이다.

※ 실내공기질 관리법 시행규칙 [별표 2] 〈개정 2020. 4. 3.〉

실내공기질 유지기준(제3조 관련)

<table>
<tr><th>오염물질 항목
다중이용시설</th><th>미세먼지
(PM-10)
(μg/m³)</th><th>미세먼지
(PM-2.5)
(μg/m³)</th><th>이산화탄소
(ppm)</th><th>폼알데하이드
(μg/m³)</th><th>총부유세균
(CFU/m³)</th><th>일산화탄소
(ppm)</th></tr>
<tr><td>가. 지하역사, 지하도상가, 철도역사의 대합실, 여객자동차터미널의 대합실, 항만시설 중 대합실, 공항시설 중 여객터미널, 도서관·박물관 및 미술관, 대규모 점포, 장례식장, 영화상영관, 학원, 전시시설, 인터넷컴퓨터게임시설제공업의 영업시설, 목욕장업의 영업시설</td><td>100 이하</td><td>50 이하</td><td rowspan="3">1,000 이하</td><td>100 이하</td><td>−</td><td rowspan="2">10 이하</td></tr>
<tr><td>나. 의료기관, 산후조리원, 노인요양시설, 어린이집, 실내 어린이놀이시설</td><td>75 이하</td><td>35 이하</td><td>80 이하</td><td>800 이하</td></tr>
<tr><td>다. 실내주차장</td><td>200 이하</td><td>−</td><td>100 이하</td><td>−</td><td>25 이하</td></tr>
<tr><td>라. 실내 체육시설, 실내 공연장, 업무시설, 둘 이상의 용도에 사용되는 건축물</td><td>200 이하</td><td>−</td><td>−</td><td>−</td><td>−</td><td>−</td></tr>
</table>

비고

1. 도서관, 영화상영관, 학원, 인터넷컴퓨터게임시설제공업 영업시설 중 자연환기가 불가능하여 자연환기설비 또는 기계환기설비를 이용하는 경우에는 이산화탄소의 기준을 1,500ppm 이하로 한다.
2. 실내 체육시설, 실내 공연장, 업무시설 또는 둘 이상의 용도에 사용되는 건축물로서 실내 미세먼지(PM-10)의 농도가 200μg/m³에 근접하여 기준을 초과할 우려가 있는 경우에는 실내공기질의 유지를 위하여 다음 각 목의 실내공기정화시설(덕트) 및 설비를 교체 또는 청소하여야 한다.
   가. 공기정화기와 이에 연결된 급·배기관(급·배기구를 포함한다)
   나. 중앙집중식 냉·난방시설의 급·배기구
   다. 실내공기의 단순배기관
   라. 화장실용 배기관
   마. 조리용 배기관

7 **조류(algae)의 성장에 관한 설명으로 옳지 않은 것은?**

① 조류 성장은 수온의 영향을 받지 않는다.
② 조류 성장은 수중의 용존산소농도에 영향을 미친다.
③ 조류 성장의 주요 제한 원소에는 인과 질소 등이 있다.
④ 태양광은 조류 성장에 있어 제한 인자이다.

ADVICE 어느 정도 온도(약 40℃)까지는 수온이 증가하면 조류 성장 속도가 증가하는 경향을 보인다.

8 **열섬현상에 관한 설명으로 옳지 않은 것은?**

① 열섬현상은 도시의 열배출량이 크기 때문에 발생한다.
② 맑고 잔잔한 날 주간보다 야간에 잘 발달한다.
③ Dust dome effect라고도 하며, 직경 10km이상의 도시에서 잘 나타나는 현상이다.
④ 도시지역 내 공원이나 호수 지역에서 자주 나타난다.

ADVICE 열섬 현상(Heat Island)은 도심 번화가 지역의 기온이 주변 교외 지역에 비해 더 높게 나타나는 현상이다. 원인은 도시화로 인한 빗물이 침투하지 못하는 토지면적의 증가와 도시 내의 에너지 사용 증가 때문으로 분석된다. 도시의 인구 집중도가 심해짐에 따라 더 넓은 면적의 토지를 개발하게 되고, 결과적으로 빗물 침투가 가능한 녹지가 줄어드는 대신 아스팔트나 콘크리트, 건물 면적과 같이 빗물이 침투하지 못하는 불투수면이 증가한다. 또한 땅이나 수면, 그리고 식물의 잎으로부터 수분이 대기로 돌아가는 현상인 증·발산을 통해 주변의 온도를 떨어뜨리는 녹지가 줄어들고, 태양열을 흡수하는 아스팔트 및 콘크리트 면적이 증가하여 도시의 지표면 온도가 상승한다. 고층 빌딩 역시 바람을 막아 냉각효과를 방해하기 때문에 표면과 그 주변의 온도를 상승시킨다. 뿐만 아니라, 도시의 많은 사람들이 에너지를 소모하는 만큼 열섬 현상이 심화된다. 건물의 냉난방, 공장 가동, 자동차 운행 등으로 발생한 폐열이 도시의 기온을 높이기 때문이다.
〈오답 풀이〉
④ 열섬 현상은 공원이나 호수 지역보다는 인공열 발생과 반사율이 큰 아스팔트, 콘크리트가 많은 빌딩숲 등에서 더욱 잘 나타난다.

ANSWER 6.③ 7.① 8.④

9 입경이 10μm인 미세먼지(PM−10) 한 개와 같은 질량을 가지는 초미세먼지(PM−2.5)의 최소 개수는? (단, 미세먼지와 초미세먼지는 완전 구형이고, 먼지의 밀도는 크기와 관계없이 동일하다)

① 4　　② 10
③ 16　　④ 64

ADVICE
$질량 = 밀도 \times 부피 = \rho \times \frac{4}{3}\pi r^3 = \rho \times \frac{4}{3}\pi \times \left(\frac{d}{2}\right)^3 = \frac{\pi}{6}\rho d^3$

N개 입자 질량 = 1개 입자 질량 × N

입경 10㎛ 입자 질량 = (입경 2.5㎛ 입자 질량) × N

$\frac{\pi}{6}\rho \times 10^3 = \frac{\pi}{6}\rho \times 2.5^3 \times N$

$\therefore\ N = \left(\frac{10}{2.5}\right)^3 = 64$

10 퇴비화에 대한 설명으로 옳지 않은 것은?

① 일반적으로 퇴비화에 적합한 초기 탄소/질소 비(C/N 비)는 25~35 이다.
② 퇴비화 더미를 조성할 때의 최적 습도는 70% 이상이다.
③ 고온성 미생물의 작용에 의한 분해가 끝나면 퇴비온도는 떨어진다.
④ 퇴비화 과정에서 호기성 산화 분해는 산소의 공급이 필수적이다.

ADVICE 퇴비화(composting)는 비교적 고온(40~55℃)에서 이루어지는 호기성(aerobic) 분해 공정이며 보통 유기성 고형 폐기물(organic solid wastes)의 처리에 이용하고 있다. 유기성 고형 폐기물은 수 주일에 걸쳐 서로 다른 미생물 개체군들에 의해 연속적으로 분해되어 퇴비라고 하는 짙은 갈색 입자상의 부식질 같은 최종산물을 생성한다. 이 퇴비는 토양 개량제(soil conditioner)로 유용하며 점토나 모래흙의 성질을 개선시킬 수 있다. 퇴비화될 수 있는 폐기물은 다양하며 음식물 쓰레기, 종이, 섬유, 나무로부터 하수 슬러지와 이것들의 혼합물 등을 포함한다. 퇴비화하는 1차 목적은 폐기물을 불안정하고 더러운 상태에서 안정된 최종산물로 전환하는 것이다. 퇴비화는 폐기물 선별, 분쇄, 분해, 양생, 건조 및 마무리 단계로 이루어져 있으며 전체 공정은 2~3개월이 소요된다.

〈오답 풀이〉

② 퇴비 중의 수분함량은 미생물의 활동에 결정적 영향을 미치는 환경요인이다. 퇴비화 과정 중 수분함량은 퇴비 내의 조건에 따라 증가하기도 하고 감소하기도 한다. 퇴비화에 적당한 수분함량은 50~60%이다. 40% 이하가 되면 분해효율이 감소하고 60% 이상이 되면 기공 내로 산소확산(oxygen diffusion)이 잘 되지않아 혐기성 발효가 일어나 악취가 발생하거나 퇴비화 효율이 떨어진다.

11 5L의 프로판가스(C_3H_8)를 완전 연소 하고자 할 때, 필요한 산소기체의 부피[L]는 얼마인가? (단, 프로판가스와 산소기체는 이상기체이다)

① 1.11

② 5.00

③ 22.40

④ 25.00

ADVICE 프로판 가스의 연소 화학 반응식은 $C_3H_8 + 5O_2 \rightarrow 3CO_2 + 4H_2O$으로, 프로판 가스와 산소 기체의 반응비는 1:5이다. 따라서 5L의 프로판 가스를 완전 연소 시키기 위해서는 산소 기체 5×5 = 25L가 필요하다.

12 마스킹 효과(masking effect)에 대한 설명으로 옳지 않은 것은?

① 두 가지 음의 주파수가 비슷할수록 마스킹 효과가 증가한다.

② 마스킹 소음의 레벨이 높을수록 마스킹 되는 주파수의 범위가 늘어난다.

③ 어떤 소리가 다른 소리를 들을 수 있는 능력을 감소시키는 현상을 말한다.

④ 고음은 저음을 잘 마스킹 한다.

ADVICE 마스킹 효과(Masking Effect)란 소리가 다른 소음, 잡음 등에 묻혀 들리지 않는 현상을 말한다. 음악 소리를 크게 틀어두면 주변 사람의 목소리가 잘 들리지 않는 것이 대표적인 예시이며, 이때 음악 소리를 방해음(Masker), 사람의 목소리를 목적음(Maskee)이라고 한다. 마스킹 현상은 두 소리의 주파수 영역이 가까우면 가까울수록 더 커진다. 또한, 방해음의 주파수가 목적음보다 높을 때보다는 낮을 때 마스킹 양이 더 커진다. 즉, 저음이 고음을 잘 마스킹 한다.

13 해수의 담수화 방법으로 옳지 않은 것은?

① 오존산화법
② 증발법
③ 전기투석법
④ 역삼투법

ADVICE 오존 산화법은 폐수의 처리 방법이지 해수의 담수화 방법이 아니다.

ANSWER 9.④ 10.② 11.④ 12.④ 13.①

14 다음 중 물의 온도를 표현했을 때 가장 높은 온도는?

① 75℃ ② 135˚F

③ 338.15K ④ 620˚R

ADVICE 모두 섭씨 온도(℃)로 바꾸어 통일시킨 후 비교하면 다음과 같다.

① 75℃

② $135°F = \frac{5}{9}\times(135-32) = 57.2℃$

③ $338.15K = 338.15 - 273.15 = 65℃$

④ $620°R = \frac{5}{9}\times(620-492.69) = 70.73℃$

〈참고〉 여러 가지 온도

① 섭씨 온도(℃)

1기압 하에서 물의 어는점을 0도, 끓는점을 100도로 정하고 두 점 사이를 100등분한 온도이다.

② 화씨 온도(˚F)

1기압 하에서 물의 어는점을 32도, 끓는점을 212도로 정하고 두 점 사이를 180등분한 온도이다. 단위는 파렌하이트(Fahrenheit)로 읽는다.

③ 절대 온도(K)

기체의 부피가 이론적으로 0이 되는 온도를 0도로 한 온도이다. 단위는 캘빈(Kelvin)이라고 읽는다.

④ 랭킨 온도

화씨온도의 절대온도를 말한다.

˚R = ˚F + 459.69

15 염소의 농도가 25mg/L이고, 유량속도가 12m^3/sec인 하천에 염소의 농도가 40mg/L이고, 유량속도가 3m^3/sec인 지류가 혼합된다. 혼합된 하천 하류의 염소 농도[mg/L]는? (단, 염소가 보존성이고, 두 흐름은 완전히 혼합된다)

① 28 ② 30

③ 32 ④ 34

ADVICE 일정한 수질의 오수가 하천에 일정 유량씩 유입할 때 하천에서 완전히 혼합된다면 혼합 후의 농도(C_m)는 다음과 같다.

$$C_m = \frac{Q_1\times C_1 + Q_2\times C_2}{Q_1+Q_2} = \frac{25\times12+40\times3}{12+3} = 28mg/L$$

Q_1 : 하천의 유량

Q_2 : 유입 오수의 유량

C_1 : 하천의 수질 농도

C_2 : 유입 오수의 수질 농도

16 관로 내에서 발생하는 마찰손실수두를 Darcy-Weisbach 공식을 이용하여 구할 때의 설명으로 옳지 않은 것은?

① 마찰손실수두는 마찰손실계수에 비례한다.
② 마찰손실수두는 관의 길이에 비례한다.
③ 마찰손실수두는 관경에 비례한다.
④ 마찰손실수두는 유속의 제곱에 비례한다.

ADVICE 달시-바이스바하 방정식(Darcy-Weisbach equation)은 일정한 길이의 파이프에서 유체가 흐를 때 따르는 마찰로 인한 압력 손실 또는 수두 손실과 비압축성 유체의 유체 흐름의 평균 속도를 관련시키는 상태 방정식이다. 마찰손실수두 형식으로 나타낸 방정식은 다음과 같다.

$h = f\dfrac{L}{D}\dfrac{V^2}{2g}$	f : 마찰손실계수 L : 관의 길이 g : 중력가속도 D : 관의 직경 V : 유속

위의 방정식에 따르면 마찰손실수두는 마찰손실계수, 관의 길이, 유속의 제곱에 비례하며, 관의 직경(관경)에 반비례한다.

17 폐기물 소각 시 발열량에 대한 설명으로 옳지 않은 것은?

① 연소생성물 중의 수분이 액상일 경우의 발열량을 고위발열량이라고 한다.
② 연소생성물 중의 수분이 증기일 경우의 발열량을 저위발열량이라고 한다.
③ 고체와 액체연료의 발열량은 불꽃열량계로 측정한다.
④ 실제 소각로는 배기온도가 높기 때문에 저위발열량을 사용한 방법이 합리적이다.

ADVICE 고체와 액체연료의 발열량은 통열량계(bomb calorimeter)를 사용하여 측정한다.

ANSWER 14.① 15.① 16.③ 17.③

18 순도 90% $CaCO_3$ 0.4g을 산성용액에 용해시켜 최종부피를 360mL로 조제하였다. 용해 외에 다른 반응이 일어나지 않는다고 할 때, 이 용액의 노르말 농도[N]는? (Ca, C, O의 원자량은 각각 40, 12, 16이다)

① 0.018
② 0.020
③ 0.180
④ 0.20

ADVICE 노르말 농도(Normality)는 용액 1L 속에 들어있는 용질의 당량 수로 정의된다. 예를 들어, 염산(HCl)은 단일 양성자 산이므로 1몰은 1당량을 가진다. 따라서 HCl 산 1M 수용액 1리터는 36.5g의 HCl을 포함하며, 1N 수용액이 된다. 문제에서 주어진 탄산 칼슘($CaCO_3$) 1몰은 H^+ 2몰과 반응하므로 다음과 같이 구할 수 있다.

$CaCO_3 + 2HCl \rightarrow CaCl_2 + H_2O + CO_2$

$$\text{노르말 농도}(N) = \frac{\text{용질의 당량 수}}{\text{용액의 부피}(L)} = \frac{0.9 \times 0.4g}{0.36L} \times \frac{2eq}{100g} = 0.02eq/L$$

19 수중의 암모니아가 0차 반응을 할 때 반응속도 상수 k = 10[mg/L][d^{-1}]이다. 암모니아가 90% 반응하는데 걸리는 시간[day]은? (단, 암모니아의 초기 농도는 100mg/L이다)

① 0.9
② 4.4
③ 9.0
④ 18.2

ADVICE 화학 반응을 할 때 반응의 속도가 반응물의 농도와 관계없이 진행되는 반응을 0차 반응이라 하며, 0차 반응의 예로는 체내의 알코올 분해 반응, 포스핀의 촉매 분해 반응 등이 있다. 문제에 주어진 암모니아가 90% 반응했을 때는 잔여량이 10%인 상태이므로 다음 0차 반응식 공식에 대입해 답을 구하면 다음과 같다.

$C = C_0 - kt$ (C: 최종 농도, C_0 : 초기 농도, k : 속도상수, t : 시간)

$10 = 100 - 10t \quad \therefore \ t = 9(\text{days})$

20 「자원의 절약과 재활용촉진에 관한 법률 시행령」상 재활용지정사업자에 해당하지 않는 업종은?

① 종이제조업
② 유리용기제조업
③ 플라스틱제품제조업
④ 제철 및 제강업

ADVICE 「자원의 절약과 재활용촉진에 관한 법률 시행령」 제32조(재활용지정사업자 관련 업종) … 법 제23조 제1항에서 대통령령으로 정하는 업종

1. 종이제조업
2. 유리용기제조업
3. 제철 및 제강업
4. 합성수지나 그밖의 플라스틱 물질 제조업

2022. 6. 18. 제1회 지방직 시행

1 **폐수처리 과정에 대한 설명으로 옳지 않은 것은?**

① 천, 막대 등의 제거는 전처리에 해당한다.

② 폐수 내 부유물질 제거는 1차 처리에 해당한다.

③ 생물학적 처리는 2차 처리에 해당한다.

④ 생분해성 유기물 제거는 3차 처리에 해당한다.

ADVICE 생물학적 처리를 마치고 난 생분해성 유기물 제거 과정 또한 2차 처리에 해당한다.

※ 폐수처리 과정

㉠ 전처리 및 1차 처리 : 폐수로부터 침전물 및 부유물 등의 큰 오염물질을 제거하는 물리적 처리

㉡ 2차 처리 : 미생물의 분해 과정을 이용하는 생물학적 처리

㉢ 3차 처리 : 1차 혹은 2차 처리 후에 남아있을 수 있는 부유 물질 및 콜로이드성 물질을 제거하는 고도 처리

2 **미생물에 의한 질산화(nitrification)에 대한 설명으로 옳은 것은?**

① 질산화는 종속영양 미생물에 의해 일어난다.

② *Nitrobacter* 세균은 암모늄을 아질산염으로 산화시킨다.

③ 암모늄 산화 과정이 아질산염 산화 과정보다 산소가 더 소비된다.

④ 질산화는 혐기성 조건에서 일어난다.

ADVICE ① 질산화는 독립영양 미생물에 의해 일어난다.

② *Nitrobacter* 세균은 아질산염을 질산염으로 산화시키는 아질산 산화 세균이다. 암모늄을 아질산염으로 산화시키는 세균은 아질산균 또는 암모니아 산화 세균이라 하며, 대표적인 예로 *Nitrosomonas* 세균이 있다.

④ 질산화는 혐기성 조건이 아닌 호기성 조건에서 일어난다.

 **ANSWER** 18.② 19.③ 20.③ / 1.④ 2.③

3 폐기물의 자원화 방법으로 옳지 않은 것은?

① 유기성 폐기물의 매립
② 가축분뇨, 음식물쓰레기의 퇴비화
③ 가연성 물질의 고체 연료화
④ 유리병, 금속류, 이면지의 재이용

ADVICE 폐기물을 매립하는 것은 자원으로 활용하는 것이 아니라 폐기하는 것이므로 자원화 방법으로 보기 어렵다.

4 다음 설명에 해당하는 집진효율 향상 방법은?

> 사이클론(cyclone)에서 분진 퇴적함으로부터 처리 가스량의 5~10%를 흡인해주면 유효 원심력이 증대되고, 집진된 먼지의 재비산도 억제할 수 있다.

① 다운워시(down wash)
② 블로다운(blow down)
③ 홀드업(hold-up)
④ 다운 드래프트(down draught)

ADVICE ① 다운워시(down wash) : 세류현상이라고도 하며, 굴뚝의 수직 배출 속도에 비해 굴뚝 높이에서 평균 풍속이 크면 플룸(연기)이 굴뚝 아래로 흩날리는 현상을 말한다. 이를 막기 위해서는 수직 배출 속도를 굴뚝 높이에서 부는 풍속의 2배 이상 되게 한다.
③ 홀드업(hold-up) : 세정 집진장치에서 충전층 내의 액보유량을 말한다.
④ 다운 드래프트(down draught) : 오염 물질을 배출하는 굴뚝 높이가 장애물(건물, 산 등)보다 낮을 경우 난류가 발생하는데, 이 난류로 인하여 플룸(연기)이 건물 후면으로 흐르게 되는 현상을 말한다. 이를 막기 위해서는 굴뚝 높이를 주위 장애물의 약 2.5배 이상 되게 한다.

5 지하수의 특성에 대한 설명으로 옳은 것은?

① 국지적인 환경 조건의 영향을 크게 받지 않는다.
② 자정작용의 속도가 느리고 유량 변화가 적다.
③ 부유물질(SS) 농도 및 탁도가 높다.
④ 지표수보다 수질 변동이 크다.

ADVICE ① 국지적인 환경 조건의 영향을 크게 받는다.
③ 부유물질(SS) 농도 및 탁도가 낮다.
④ 지표수보다 수질 변동이 작다.

6 **다음 설명에 해당하는 물리 · 화학적 개념은?**

> 어떤 화학반응에서 정반응과 역반응이 같은 속도로 끊임없이 일어나지만, 이들 상호 간에 반응속도가 균형을 이루어 반응물과 생성물의 농도에는 변화가 없다.

① 헨리법칙 ② 질량보존
③ 물질수지 ④ 화학평형

ADVICE ① 헨리법칙 : 일정한 온도에서 일정 부피의 액체 용매에 녹는 기체의 질량, 즉 용해도는 용매와 평형을 이루고 있는 그 기체의 부분압력에 비례한다.
② 질량보존 : 닫힌 계(system)에서 화학 반응이 일어날 때, 화학 반응이 일어나기 전 반응물질의 총질량과 화학 반응 후 생성된 물질의 총질량은 같다.
③ 물질수지 : 외부로부터 어떤 계(system)에 유입되는 물질의 질량과 계로부터 주변으로 유출되는 물질의 질량 사이의 차이는 계의 경계 내부에 축적되거나 화학적 및 생물학적 반응에 의해 만들어지거나 소멸되는 물질의 질량과 같다.

7 **음의 크기 수준(loudness level)을 나타내는 단위로 적합하지 않은 것은?**

① Pa
② noy
③ sone
④ phon

ADVICE Pa(파스칼)은 단위 면적(㎡)당 작용하는 힘(N)인 압력을 나타내는 단위이다.
※ 참고
② noy는 1,000Hz에서 40phon 크기의 소리를 들었을 때 시끄러움을 말한다.
③④ phon은 1,000Hz 기준음과 같은 크기로 들리는 다른 주파수의 음의 크기이며, 음의 상대적인 주관적인 크기를 표시할 수 없다. 이에 반해 sone은 상대적으로 느끼는 주관적 소리 크기를 나타낸 단위로 $sone = 2^{(phon-40)/10}$의 관계가 있다.

ANSWER 3.① 4.② 5.② 6.④ 7.①

8 대기 중의 아황산가스(SO_2) 농도가 0.112ppmv로 측정되었다. 이 농도를 0°C, 1기압 조건에서 $\mu g/m^3$의 단위로 환산하면? (단, 황 원자량 = 32, 산소 원자량 = 16이다)

① 160 ② 320
③ 640 ④ 1280

ADVICE ppmv는 부피 기준 ppm(parts per million, 백만분의 일)을 말한다.

따라서, $\frac{0.112mL}{m^3} \times \frac{64mg}{22.4mL} \times \frac{1000\mu g}{1mg} = 320\mu g/m^3$

9 분광광도계로 측정한 시료의 투과율이 10%일 때 흡광도는?

① 0.1 ② 0.2
③ 1.0 ④ 2.0

ADVICE $A = -\log_{10}T = -\log_{10}0.1 = 1$

10 대기 안정도에 대한 설명으로 옳은 것은?

① 대기 안정도는 건조단열감률과 포화단열감률의 차이로 결정된다.
② 대기 안정도는 기온의 수평 분포의 함수이다.
③ 환경감률이 과단열이면 대기는 안정화된다.
④ 접지층에서 하부 공기가 냉각되면 기층 내 공기의 상하 이동이 제한된다.

ADVICE ① 대기 안정도는 건조단열감률과 실제단열감률의 차이로 결정된다.
② 대기 안정도는 기온의 수직 분포의 함수이다.
③ 환경감률이 과단열이면 대기는 불안정하다.

11 **총유기탄소(TOC)에 대한 설명으로 옳은 것은?**

① 공공폐수처리시설의 방류수 수질기준 항목이다.

② 「수질오염공정시험기준」에 따라 적정법으로 측정한다.

③ 시료를 고온 연소 시킨 후 ECD 검출기로 측정한다.

④ 수중에 존재하는 모든 탄소의 합을 말한다.

ADVICE ② 「수질오염공정시험기준」에 따르면 총 유기탄소 측정은 고온연소산화법이나 과황산 UV 및 과황산 열 산화법으로 측정한다.

③ 총유기탄소 시험법 중 고온연소산화법은 시료 적당량을 산화성 촉매로 충전된 고온의 연소기에 넣은 후에 연소를 통해서 수중의 유기탄소를 이산화탄소로 산화시켜 정량하는 방법이다.

④ 총유기탄소는 수중에서 유기적으로 결합된 탄소의 합을 말한다.

12 **「폐기물관리법 시행령」상 지정폐기물에 대한 설명으로 옳지 않은 것은?**

① 오니류는 수분함량이 95% 미만이거나 고형물 함량이 5% 이상인 것으로 한정한다.

② 부식성 폐기물 중 폐산은 액체상태의 폐기물로서 pH 2.0 이하인 것으로 한정한다.

③ 부식성 폐기물 중 폐알칼리는 액체상태의 폐기물로서 pH 10.0 이상인 것으로 한정한다.

④ 분진은 대기오염방지시설에서 포집된 것으로 한정하되, 소각시설에서 발생되는 것은 제외한다.

ADVICE 「폐기물관리법 시행령」 별표1에서 폐알칼리를 "액체상태의 폐기물로서 수소이온 농도지수가 12.5 이상인 것으로 한정하며, 수산화칼륨 및 수산화나트륨을 포함한다."고 정의하고 있다.

13 **실외소음 평가지수 중 등가소음도(Equivalent Sound Level)에 대한 설명으로 옳지 않은 것은?**

① 변동이 심한 소음의 평가 방법이다.

② 임의의 시간 동안 변동 소음 에너지를 시간적으로 평균한 값이다.

③ 소음을 청력장애, 회화장애, 소란스러움의 세 가지 관점에서 평가한 값이다.

④ 우리나라의 소음환경기준을 설정할 때 이용된다.

ADVICE ③ 소음 평가지수(NRN, Noise Rating Number)에 대한 설명으로, 소음을 청력장애, 회화장애, 시끄러움의 3개 관점에서 평가하여 1961년 ISO가 제안하였다. NR곡선을 이용해 측정 옥타브별로 NR 곡선에 겹쳐서 가장 큰 값의 곡선과 접하는 값을 읽어서 구한다.

 **ANSWER** 8.② 9.③ 10.④ 11.① 12.③ 13.③

14 수중의 오염물질을 흡착 제거할 때 Freundlich 등온흡착식을 따르는 장치에서 농도 6.0mg/L인 오염물질을 1.0mg/L로 처리하기 위하여 폐수 1L 당 필요한 흡착제의 양[mg]은? (단, Freundlich 상수 k=0.5, 실험상수 n = 1이다)

① 6.0
② 10.0
③ 12.0
④ 15.0

ADVICE

Freundlich 등온흡착식 $\frac{C_0 - C}{m} = kC^{1/n}$	k : Freundlich 상수 C0 : 오염물질 초기 농도(mg/L) C : 처리된 오염물질 농도(mg/L) m : 흡착제 투입량(mg/L) n : 경사의 역수(실험상수)

$\frac{6.0 - 1.0}{m} = 0.5 \times 1^{1/1}$

∴ m = 10.0(mg/L)

15 수분함량이 60%인 음식물쓰레기를 수분함량이 20%가 되도록 건조시켰다. 건조 후 음식물쓰레기의 무게 감량률[%]은? (단, 이 쓰레기는 수분과 고형물로만 구성되어 있다)

① 40
② 45
③ 50
④ 55

ADVICE 건조 전과 건조 후의 음식물 쓰레기 건조 질량은 같다는 조건을 이용하면, 건조 전 쓰레기 질량을 100g으로 가정했을 때 건조 후 음식물 쓰레기 질량(x)과의 관계를 다음과 같은 방정식으로 풀 수 있다.

$100 \times (1 - 0.6) = x \times (1 - 0.2)$

x = 50(g)

∴ 무게 감량률 $= \frac{100 - 50}{100} \times 100 = 50(\%)$

16 대형 선박의 균형을 유지하기 위해 채워주는 선박평형수의 처리에 있어서 유해 부산물 발생이 없는 처리방식은?

① 염소가스를 이용한 처리
② 오존을 이용한 처리
③ UV를 이용한 처리
④ 차아염소산나트륨을 이용한 처리

ADVICE 염소가스, 오존, 차아염소산나트륨 등과 같은 화학적인 처리를 할 경우 부산물이 발생한다.

17 「폐기물관리법」상 적용되는 폐기물의 범위로 옳지 않은 것은?

① 「대기환경보전법」 또는 「소음 · 진동관리법」에 따라 배출시설을 설치 · 운영하는 사업장에서 발생하는 폐기물

② 보건 · 의료기관, 동물병원 등에서 배출되는 폐기물 중 인체에 감염 등 위해를 줄 우려가 있는 폐기물

③ 사업장 폐기물 중 폐유, 폐산 등 주변 환경을 오염시킬 우려가 있는 폐기물

④ 「가축분뇨의 관리 및 이용에 관한 법률」에 따른 가축분뇨

ADVICE 「폐기물관리법」 제3조(적용범위)

① 이 법은 다음 각 호의 어느 하나에 해당하는 물질에 대하여는 적용하지 아니한다.

1. 「원자력안전법」에 따른 방사성 물질과 이로 인하여 오염된 물질
2. 용기에 들어 있지 아니한 기체상태의 물질
3. 「물환경보전법」에 따른 수질 오염 방지시설에 유입되거나 공공 수역(水域)으로 배출되는 폐수
4. 「가축분뇨의 관리 및 이용에 관한 법률」에 따른 가축분뇨
5. 「하수도법」에 따른 하수 · 분뇨
6. 「가축전염병예방법」 제22조 제2항, 제23조, 제33조 및 제44조가 적용되는 가축의 사체, 오염 물건, 수입 금지 물건 및 검역 불합격품
7. 「수산생물질병 관리법」 제17조 제2항, 제18조, 제25조 제1항 각 호 및 제34조 제1항이 적용되는 수산동물의 사체, 오염된 시설 또는 물건, 수입금지물건 및 검역 불합격품
8. 「군수품관리법」 제13조의2에 따라 폐기되는 탄약
9. 「동물보호법」 제69조 제1항에 따른 동물장묘업의 허가를 받은 자가 설치 · 운영하는 동물장묘시설에서 처리되는 동물의 사체

② 이 법에 따른 폐기물의 해역 배출은 「해양폐기물 및 해양오염퇴적물 관리법」으로 정하는 바에 따른다.

③ 「수산부산물 재활용 촉진에 관한 법률」에 따른 수산부산물이 다른 폐기물과 혼합된 경우에는 이 법을 적용하고, 다른 폐기물과 혼합되지 않아 수산부산물만 배출 · 수집 · 운반 · 재활용하는 경우에는 이 법을 적용하지 아니한다.

18 「수질오염공정시험기준」에 따른 중크롬산칼륨에 의한 COD 분석 방법으로 옳지 않은 것은?

① 시료가 현탁물질을 포함하는 경우 잘 흔들어 분취한다.

② 시료를 알칼리성으로 하기 위해 10% 수산화나트륨 1mL를 첨가한다.

③ 황산은과 중크롬산칼륨 용액을 넣은 후 2시간 동안 가열한다.

④ 냉각 후 황산제일철암모늄으로 종말점까지 적정한 후 최종 산소의 양으로 표현한다.

ADVICE ② 화학적 산소요구량(COD) – 적정법 – 알칼리성과망간산칼륨법에 관한 설명이다.

 **ANSWER** 14.② 15.③ 16.③ 17.④ 18.②

19 BOD 측정을 위해 시료를 5배 희석 후 5일간 배양하여 다음과 같은 측정 결과를 얻었다. 이 시료의 BOD 결과치[mg/L]는? (단, 식종희석시료와 희석식종액 중 식종액 함유율의 비 f = 1이다)

시간 [일]	희석시료 DO [mg/L]	식종 공시료 DO [mg/L]
0	9.00	9.32
5	4.30	9.12

① 5.5

② 10.5

③ 22.5

④ 30.5

ADVICE 〈수질오염공정시험기준〉 일반항목 ES 04305.1c 생물화학적 산소요구량

8.1.2 식종희석수를 사용한 시료

생물화학적산소요구량(mg/L) = [(D1−D2)−(B1−B2) × f] × P

여기서, D1 : 15분간 방치된 후의 희석(조제)한 시료의 DO(mg/L)

D2 : 5일간 배양한 다음의 희석(조제)한 시료의 DO(mg/L)

B1 : 식종액의 BOD를 측정할 때 희석된 식종액의 배양전 DO(mg/L)

B2 : 식종액의 BOD를 측정할 때 희석된 식종액의 배양후 DO(mg/L)

f : 희석시료 중의 식종액 함유율 (x %)과 희석한 식종액 중의 식종액 함유율(y %)의 비(x/y)

P : 희석시료 중 시료의 희석배수(희석시료량/시료량)

이상에서, 다음과 같은 결과를 얻을 수 있다.

BOD (mg/L) = [(D1 − D2) − (B1 − B2) × f] × P

= [(9 − 4.3) − (9.32 − 9.12) × 1] × 5 = 22.5(mg/L)

20 대기에 존재하는 다음 기체들 중 부피 기준으로 가장 낮은 농도를 나타내는 것은? (단, 건조 공기로 가정한다)

① 산소(O_2)　② 메탄(CH_4)

③ 아르곤(Ar)　④ 질소(N_2)

ADVICE 대기 부피농도는 질소 > 산소 > 아르곤 > 이산화탄소 > 네온 > 헬륨 > 메테인 > 크립톤 > 수소 > 제논 순으로 감소한다.

2023. 6. 10. 제1회 지방직 시행

1 흡착제가 아닌 것은?

① 활성탄
② 실리카 겔
③ 활성 알루미나
④ 수산화 나트륨

ADVICE 흡착제는 액체나 기체를 흡수하여 달라붙게 하는 물질을 말하며, 내부 표면적과 열전도도가 높다. 활성탄, 실리카 겔, 활성 알루미나는 대표적인 흡착제이다. 수산화 나트륨(NaOH)은 대표적인 강염기성 물질로 중화반응에 주로 이용된다.

2 레몬주스의 수소 이온 농도가 6.0×10^{-3} M일 때, pH와 pOH는? (단, 온도는 25°C, log6은 0.78이다)

	pH	pOH
①	2.22	10.78
②	6.00	14.00
③	2.22	11.78
④	7.80	10.78

ADVICE $\text{pH} = -\log_{10}[H^+] = -\log_{10}(6.0 \times 10^{-3}) = -\log_{10}6 + 3 = -0.78 + 3 = 2.22$

$\text{pOH} = 14 - \text{pH} = 14 - 2.22 = 11.78$

ANSWER 19.③ 20.② / 1.④ 2.③

3 소음공해의 특징이 아닌 것은?

① 감각적인 공해이다.

② 주위에서 진정과 분쟁이 많다.

③ 사후 처리할 물질이 발생하지 않는다.

④ 국소적이고 다발적이며 축적성이 있다.

ADVICE 소음 공해의 특징

㉠ 축적성이 없다.

㉡ 감각적인 공해이다.

㉢ 국소적, 다발적이다.

㉣ 주위의 민원이 많다.

㉤ 사후에 처리할 물질이 발생하지 않는다.

4 폐수 내 고형물(solids)에 대한 명명으로 옳은 것은?

① TDS : 총 부유 고형물

② FSS : 강열잔류 용존 고형물

③ FDS : 강열잔류 부유 고형물

④ VSS : 휘발성 부유 고형물

ADVICE ① TDS(Total Dissolved Solid) : 총 용존 고형물

② FSS(Fixed Suspended Solid) : 강열잔류 부유 고형물

③ FDS(Fixed Dissolved Solid) : 강열잔류 용존 고형물

④ VSS(Volatile Suspended Solid) : 휘발성 부유 고형물

5 물에서 기체의 용해도는 Henry 법칙($C=kP$)을 따른다. 대기 중 산소 부피가 20%일 때, 수중 포화 용존 산소 농도[mgL^{-1}]는? (단, 25°C, 1기압이고 k는 1.3×10^{-3}mol $L^{-1}atm^{-1}$, C는 용존 기체 농도, P는 기체 부분 압력, O의 원자량은 16이다)

① 4.16

② 8.32

③ 13.00

④ 33.28

ADVICE $$C=kP=\frac{1.3\times10^{-3}mol}{L\cdot atm}\times 1atm\times\frac{20}{100}\times 32\frac{g}{mol}=0.00832g/L=8.32mg/L$$

6 유량 120,000m^3d^{-1}, 체류시간 4hr, 표면부하율 30$m^3m^{-2}d^{-1}$인 하수가 8개의 침전조로 유입될 때, 침전조 1개의 유효 표면적[m^2]은?

① 125

② 250

③ 500

④ 1,000

ADVICE

$$\text{표면부하율} = \frac{\text{유량}}{\text{침전면적}} = \frac{30m^3}{m^2 \cdot d} = \frac{\frac{120,000m^3}{d}}{A}$$

위 식을 풀면 $A = 4,000m^2$인데, 문제에서 하수가 8개의 침전조로 유입된다고 하였으므로 침전조 1개의 유효 표면적은 $\frac{4000m^2}{8} = 500m^2$이다.

7 다이옥신에 대한 설명으로 옳지 않은 것은?

① 폐기물소각시설은 주요 오염원 중 하나이다.

② 수용성이다.

③ 생체 내에 축적된다.

④ 2, 3, 7, 8-TCDD의 독성이 가장 강하다.

ADVICE ① 다이옥신은 도시/산업폐기물 및 슬러지 소각에 따른 배출물이며, 따라서 폐기물소각시설은 주요 오염원 중 하나이다.

② 다이옥신은 상온에서 무색의 결정성 고체이며 유기용매에는 잘 용해되지만 물에는 잘 용해되지 않는 불용성이다.

③ 다이옥신은 화학적으로 매우 안정된 화합물로서, 분해되기 어려워 섭취 시 생체 내에 축적된다.

④ 다이옥신 중 2, 3, 7, 8-TCDD(2, 3, 7, 8-테트라클로로다이벤조-파라-다이옥신)는 베트남전에서 사용되었던 고엽제인 에이전트 오렌지에 포함된 불순물로서 고엽제 피해의 주원인이 되는 등 독성이 매우 강하다.

ANSWER 3.④ 4.④ 5.② 6.③ 7.②

8 굴뚝에서 배출되는 연기의 형태는 기온의 연직분포에 따라 달라진다. 기온 연직분포에 따른 대기안정도와 연기의 형태로 옳은 것은? (단, 환경감률은 실선, 단열감률은 점선이다)

① 훈증형 – 역전

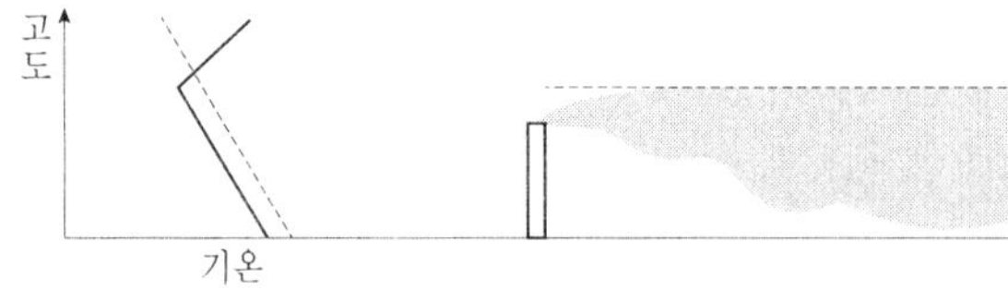

② 지붕형 – 지표역전

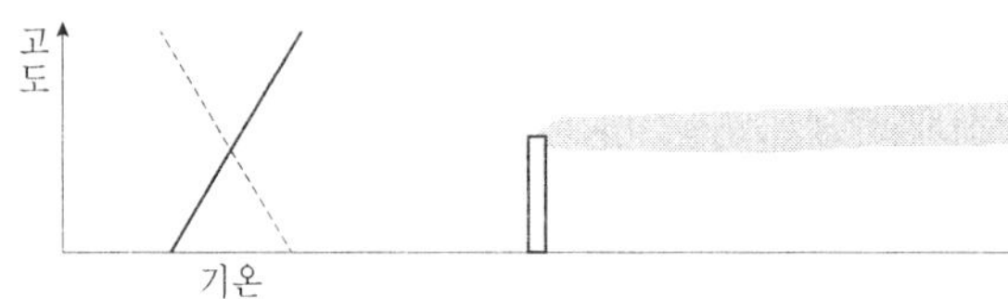

③ 원추형 – 역전

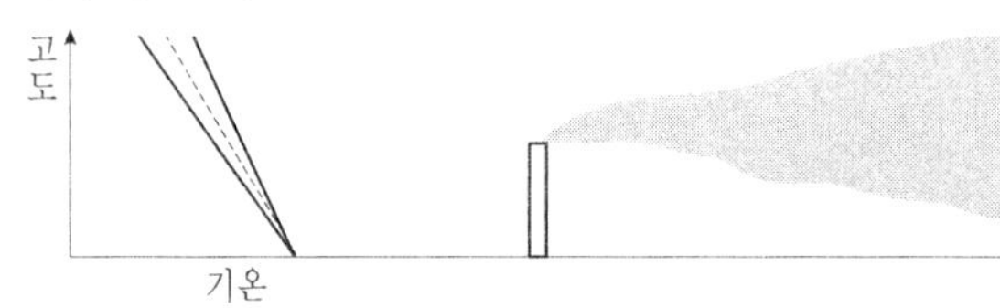

④ 구속형 – 중립안정

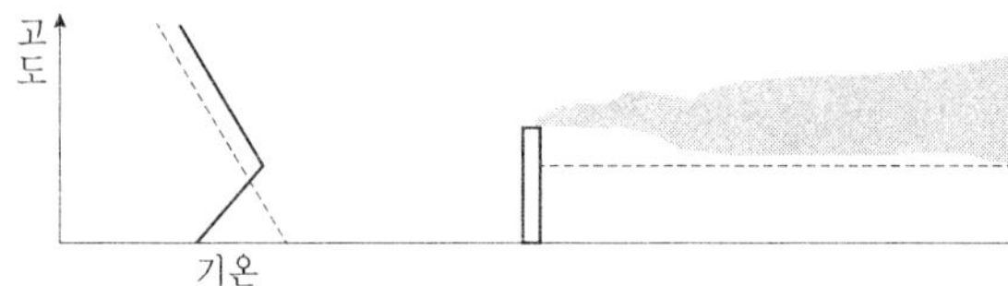

ADVICE 〈기온 연직분포에 따른 대기안정도와 연기의 형태〉

① 환상형(Looping Type) : 대기의 상하층 모두 매우 불안정해지는 과단열적 상태. 청명하고 바람이 약한 한낮, 주로 태양 복사열이 강한 여름철에 발생

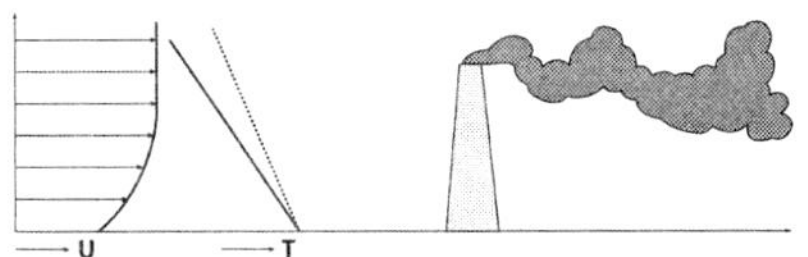

② 원추형(Coning Type) : 대기의 상태가 중립 또는 미단열 상태로 바람이 다소 강하고 구름이 많이 낀 밤중에 주로 관찰됨.

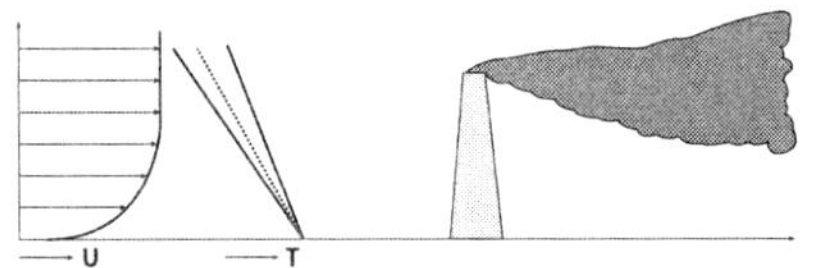

③ 부채형(Fanning) : 대기의 상태가 굴뚝 위의 상당한 높이까지 강한 기온역전(접지역전, 지표역전)이 나타나는 상태. 쾌청한 날의 밤에서 새벽 사이에 주로 발생.

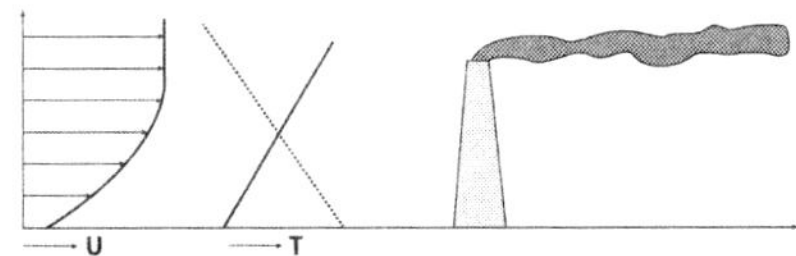

④ 지붕형(Lofting Type) : 쾌청하고 바람이 약한 초저녁부터 이른 아침에 나타남. 상층은 불안정하고, 하층은 굴뚝 높이보다 낮게 역전층이 형성(안정)된 상태

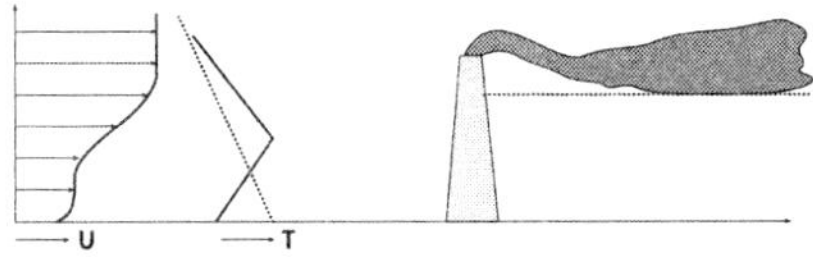

⑤ 훈증형(Fumigation Type) : 지붕형과 반대의 형태로 대기상태가 일출 후 지표가 태양열을 받아 가열되어 나타남. 상층은 안정, 하층은 불안정한 상태

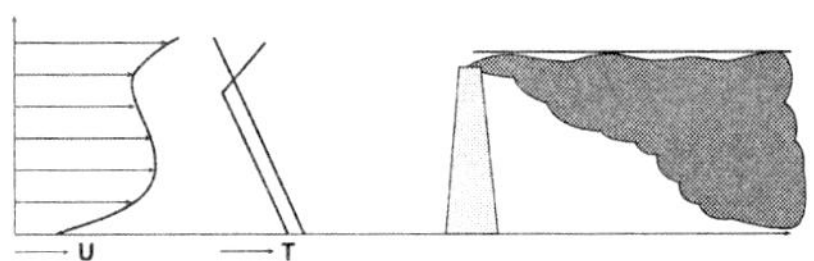

⑥ 구속형(Trapping Type) : 상층은 침강역전, 하층은 복사역전이 형성되어 상하층 모두 역전(안정) 상태. 지표면의 오염도는 낮으나 확산이 되지 않는다.

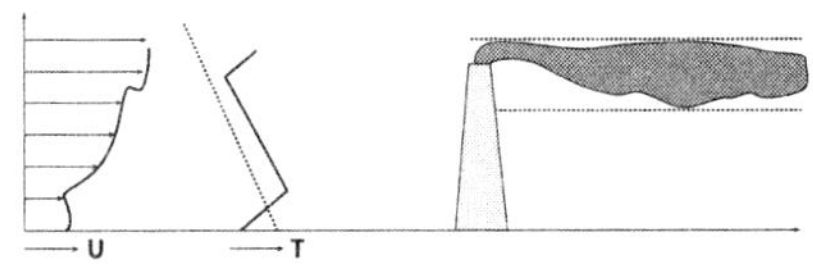

ANSWER 8.①

9 「대기환경보전법 시행규칙」상 기후 · 생태계 변화유발물질의 농도를 측정하기 위한 것은?

① 교외대기측정망 ② 유해대기물질측정망

③ 대기오염집중측정망 ④ 지구대기측정망

ADVICE 〈대기환경보전법 시행규칙〉

제11조(측정망의 종류 및 측정결과보고 등)

① 법 제3조제1항에 따라 수도권대기환경청장, 국립환경과학원장 또는 「한국환경공단법」에 따른 한국환경공단이 설치하는 대기오염 측정망의 종류는 다음 각 호와 같다.

1. 대기오염물질의 지역배경농도를 측정하기 위한 교외대기측정망
2. 대기오염물질의 국가배경농도와 장거리이동 현황을 파악하기 위한 국가배경농도측정망
3. 도시지역 또는 산업단지 인근지역의 특정대기유해물질(중금속을 제외한다)의 오염도를 측정하기 위한 유해대기물질측정망
4. 도시지역의 휘발성유기화합물 등의 농도를 측정하기 위한 광화학대기오염물질측정망
5. 산성 대기오염물질의 건성 및 습성 침착량을 측정하기 위한 산성강하물측정망
6. 기후 · 생태계 변화유발물질의 농도를 측정하기 위한 지구대기측정망
7. 장거리이동대기오염물질의 성분을 집중 측정하기 위한 대기오염집중측정망
8. 초미세먼지(PM-2.5)의 성분 및 농도를 측정하기 위한 미세먼지성분측정망

② 법 제3조제2항에 따라 특별시장 · 광역시장 · 특별자치시장 · 도지사 또는 특별자치도지사가 설치하는 대기오염 측정망의 종류는 다음 각 호와 같다.

1. 도시지역의 대기오염물질 농도를 측정하기 위한 도시대기측정망
2. 도로변의 대기오염물질 농도를 측정하기 위한 도로변대기측정망
3. 대기 중의 중금속 농도를 측정하기 위한 대기중금속측정망
4. 삭제

③ 〈생략〉

10 고형물 함량 2.5%인 슬러지 $2m^3$을 고형물 함량 4%로 농축할 때, 슬러지 부피 감소율[%]은? (단, 슬러지 밀도는 $1kgL^{-1}$이다)

① 22.5 ② 37.5

③ 45.5 ④ 0.5

ADVICE 슬러지의 고형물 함량이 변하더라도 고형물의 건조 질량은 같다는 조건을 이용하면, 고형물 함량 4%인 슬러지 부피(x)와 슬러지 부피 감소율을 다음과 같이 구할 수 있다.

$$2\times\frac{2.5}{100}=x\times\frac{4}{100} \qquad \therefore\ x = 1.25\ (m^3)$$

$$(\text{슬러지 부피 감소율})=\frac{2-1.25}{2}\times100=37.5(\%)$$

11 유량 $2m^3s^{-1}$, 온도 15°C인 하천이 용존 산소로 포화되어 있다. 이 하천에 유량 $0.5\,m^3\,s^{-1}$, 온도 25°C, 용존 산소 농도 $1.5mgL^{-1}$인 지천이 유입될 때, 합류지점에서의 용존 산소 부족량[mgL^{-1}]은? (단, 포화 용존 산소 농도는 15°C에서 $10.2mgL^{-1}$, 17°C에서 $9.7mg\,L^{-1}$, 20°C에서 $9.2mgL^{-1}$이다)

① 1.24　② 3.54
③ 6.26　④ 8.46

ADVICE 혼합공식 $C_m = \dfrac{C_1Q_1 + C_2Q_2}{Q_1 + Q_2}$를 이용하여 합류지점에서의 수온과 용존 산소 농도를 구한다.

① 합류지점에서의 수온 $= \dfrac{2\times15+0.5\times25}{2+0.5} = 17℃$

② 합류지점에서의 용존 산소 농도 $= \dfrac{2\times10.2+0.5\times1.5}{2+0.5} = 8.46mg/L$

위에서 합류지점의 수온 17℃에서의 용존 산소 부족량은 9.7 - 8.46 = 1.24mg/L임을 구할 수 있다.

12 프로페인(C_3H_8)과 뷰테인(C_4H_{10})이 80vol%:20vol%로 혼합된 기체 $1Sm^3$가 완전 연소될 때, 발생하는 CO_2의 부피[Sm^3]는?

① 3.0　② 3.2
③ 3.4　④ 3.6

ADVICE 프로페인과 뷰테인의 연소 반응식의 계수를 맞추면 다음과 같다.

$C_3H_8 + 5O_2 \rightarrow 3CO_2 + 4H_2O$

$2C_4H_{10} + 13O_2 \rightarrow 8CO_2 + 10H_2O$

아보가드로 법칙에 따라 온도와 압력이 일정할 때 모든 기체의 부피는 기체의 분자 수(몰수)에 비례한다. 따라서 프로페인 1몰이 연소하면 CO_2 3몰이 발생하며, 뷰테인 1몰이 연소하면 CO_2 4몰이 발생한다. 문제에서 주어진 조건에 따라 프로페인 $0.8Sm^3$과 뷰테인 $0.2Sm^3$이 연소된다면 각각 CO_2 $2.4Sm^3$과 $0.8Sm^3$이 발생하게 된다. 따라서 발생하는 총 CO_2의 부피는 $3.2Sm^3$이다.

ANSWER 9.④ 10.② 11.① 12.②

13 폐기물 매립지 선정 시 고려 사항으로 옳은 것만을 모두 고르면?

㉠ 경관의 손상이 적어야 한다. ㉡ 육상 매립자의 집수면적을 넓게 한다. ㉢ 침출수가 해수에 영향을 주는 장소를 피한다. ㉣ 해안 매립지의 경우 파도나 수압의 영향이 트지 않아야 한다.

① ㉠, ㉡
② ㉠, ㉡, ㉢
③ ㉠, ㉢, ㉣
④ ㉡, ㉢, ㉣

ADVICE ㉡ 육상 매립지의 집수면적을 넓게 하면 폐기물에서 나오는 침출수와 접하는 토양의 면적이 증가하여 토양 및 지하수 오염 가능성이 높아진다. 따라서 육상 매립지의 집수면적은 최대한 좁게 하여야 한다.

14 토양증기추출법(soil vapor extraction) 시스템의 구성요소에 해당하지 않는 것은?

① 추출정 및 공기주입정
② 진공펌프 및 송풍기
③ 풍력분별장치
④ 배가스 처리장치

ADVICE 토양증기추출법(Soil Vapor Extraction, SVE)은 진공추출이라고도 하며, 불포화대수층에 가스추출정을 설치(필요 시 주입정도 설치)하여 토양을 진공상태로 만들어 오염물질을 제거하는 원위치(In-situ) 지중처리 공정이다. 오염물 처리기간이 짧고 오염물질이 휘발성 또는 준휘발성이고 오염지역의 대수층이 낮을 때 적용 가능하다.

※ 시스템의 구성요소
① 추출정 및 공기주입정
② 진공펌프 및 송풍기 : 송풍기는 토양재생용량이 큰 경우에 효율을 높이기 위하여 사용
③ 격리층(Seals) : 지표면으로의 지하수 유출을 방지하고, 오염층의 공기흐름효율을 제고
④ 기액 분리기 : 진공펌프와 송풍기를 보호하고, 배기가스 제거효율을 제고
⑤ 배가스 처리장치
㉠ 열적 처리 : 소각, 촉매산화
㉡ 물리화학적 처리 : 활성탄 흡착, 응축, 습윤세정
㉢ 생물학적 처리 : 바이오필터

15 지하수 모니터링을 위해 20m 간격으로 설치된 감시우물의 수위 차가 50cm일 때, 실질적인 지하수 유속 [md^{-1}]은? (단, 투수계수는 0.2md^{-1}, 공극률은 0.20이다)

① 0.025 ② 0.050
③ 0.075 ④ 0.090

ADVICE 토양 공극 내의 지하수 흐름은 Darcy 법칙으로 설명할 수 있다. 이 법칙은 다공성 매질을 통과하는 유체의 단위 시간당 유량과 유체의 점성, 유체가 흐르는 거리와 그에 따르는 압력 차이 사이의 비례 관계를 의미한다.

$$Q = -K\frac{\Delta h}{\Delta L}A = KIA = vA$$

Q : 유량, Δh : 두 점간 압력 또는 수두 차이, ΔL : 유체가 흐르는 길이

K : 투수계수, I : 수리경사도, A : 유체가 흐르는 매질의 내부 단면적

$$v_{이론} = -0.2m/day\,\frac{(-0.5m)}{20m} = 0.005m/day$$

$$v_{실제} = \frac{v_{이론}}{공극률} = \frac{0.005m/day}{0.2} = 0.025m/day$$

16 다음 분석 결과를 가진 시료의 SAR은?

성분	당량[$g\ eq^{-1}$]	농도[$mg\ L^{-1}$]
Ca^{2+}	20.0	100.0
Mg^{2+}	12.2	36.6
Na^{+}	23.0	92.0
Cl^{-}	35.5	158.2

① 0.5
② 1.2
③ 2.0
④ 3.6

ADVICE

$$SAR = \frac{Na^{+}}{\sqrt{\frac{Ca^{2+}+Mg^{2+}}{2}}} = \frac{\frac{92.0}{23.0}}{\sqrt{\frac{\frac{100.0}{20.0}+\frac{36.6}{12.2}}{2}}} = 2.0$$

ANSWER 13.③ 14.③ 15.① 16.③

17 다음은 오염 물질의 시간에 따른 농도 변화를 나타낸 표와 그래프이다. 이에 대한 설명으로 옳지 않은 것은? (단, k는 속도 상수, t는 시간, C_0는 초기 농도이다)

t[min]	C[mg L^{-1}]
0	14.0
20	8.0
60	4.0
100	2.5
120	2.0

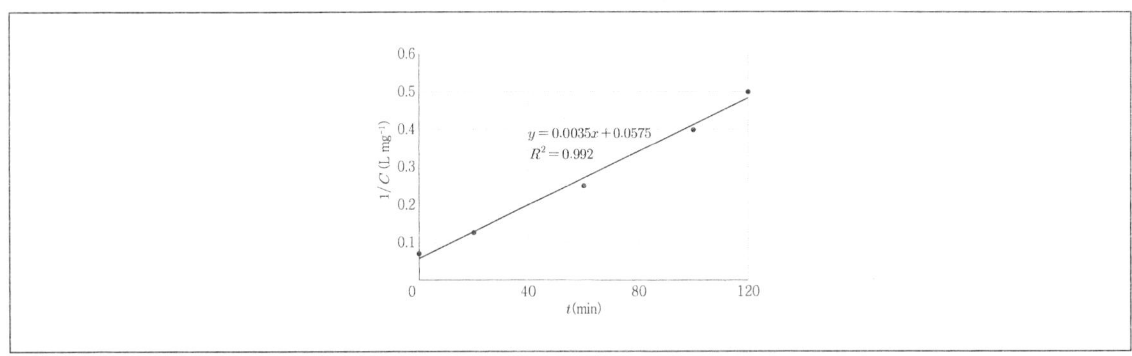

① 반응 속도를 구하기 위한 일반식은 $\dfrac{dC}{dt} = -kC$이다.

② 반응을 나타내는 결과식은 $C = \dfrac{C_0}{1+kC_0t}$이다.

③ 2차 분해 반응이다.

④ 속도 상수는 0.0035 Lmg^{-1} min^{-1}이다.

ADVICE 시간(t)과 농도의 역수(1/C)가 선형 관계를 이루는 것으로 보아 이 오염 물질의 농도 변화 반응은 2차 반응이다.

① 2차 반응의 속도를 구하기 위한 적분 속도식(일반식)은 $\dfrac{dC}{dt} = -kC^2$이다.

② ①의 적분 속도식을 적분하면 $\dfrac{1}{C} = kt + \dfrac{1}{C_0}$를 얻을 수 있다. 이를 정리하여 결과식 $C = \dfrac{C_0}{1+kC_0t}$를 얻는다.

③ 앞서 말한 바와 같이 이 반응은 2차 분해 반응이다.

④ 문제에서 주어진 그래프는 앞서 얻은 적분 속도식 $\dfrac{1}{C} = kt + \dfrac{1}{C_0}$를 도시한 것이다. 즉, y 절편은 초기 농도의 역수이며 기울기는 반응 속도 상수이다. 따라서 이 반응의 속도 상수는 0.0035 L mg^{-1} min^{-1}이다.

18 토양 오염에 대한 설명으로 옳지 않은 것은?

① 특정 비료의 과다 유입은 인근 수역의 부영양화를 초래하는 원인이 된다.
② 일반적으로 인산염은 토양입자에 잘 흡착되지 않는다.
③ 질산 이온은 토양에서 쉽게 용출되어 지하수 오염에 큰 영향을 미친다.
④ 토양 내 잔류농약 농도는 토양의 물리화학적 성질에 영향을 받는다.

ADVICE ② 일반적으로 인산염은 토양입자에 잘 흡착된다.

19 주파수가 200Hz인 음의 주기[sec]는?

① 0.001
② 0.005
③ 0.01
④ 0.02

ADVICE 주기(Period, T)란 고전역학에서 한 번 진동할 때 걸리는 시간을 말하며, 진동수의 역수이다. 주어진 조건을 대입하여 문제를 해결하면 다음과 같다.

$$T = \frac{1}{f} = \frac{1}{200\,s^{-1}} = 0.005\,s$$

ANSWER 17.① 18.② 19.②

20 지정폐기물의 분류요건이 아닌 것은?

① 부패성
② 부식성
③ 인화성
④ 폭발성

ADVICE 부패성은 지정폐기물의 분류요건에 해당하지 않는다.

※ 지정폐기물의 분류체계

지정폐기물로의 분류요건은 폐기물이 가지는 유해성의 특징에 따라 분류되며, 다음과 같은 분류체계로 나눌 수 있다.

㉠ 부식성 : 산, 알칼리 등으로 부식의 우려가 있는 폐기물(폐산, 폐알칼리)

㉡ 반응성 또는 인화성 : 타 화학물질과 반응 시 위해성의 우려가 있으며, 인화 가능성이 있는 폐기물(폐유기용제, 폐유)

㉢ 유해성 : 인체에 직접적으로 해를 끼칠 수 있는 물질을 함유한 폐기물(PCBs 함유 폐기물, 폐농약, 폐석면)

㉣ 유해 가능성(용출 특성) : 유해물질이 함유된 폐기물은 폐기물 시험법에 의해 용출 실험한 결과 환경부령에 명시한 농도 이상의 화학물질을 함유한 경우에 지정폐기물로 간주(광재, 분진, 폐주물사 및 폐사, 폐내화물 및 도자기 편류, 소각 잔재물, 안정화 또는 고형화 처리물, 폐촉매, 폐흡착제 및 폐흡수제, 오니)

㉤ 난분해성 : 주로 인위적으로 합성된 고분자화합물로서 화학적 · 생물학적으로 분해되기 힘든 물질(폐합성수지, 폐합성고무, 폐페인트 및 폐래커)

㉥ 감염성 : 병원 등에 발생되는 것으로 병원성 미생물 등이 매개하여 병원성이 전이 될 수 있는 적출물 혹은 잔재물

2024. 6. 22. 제1회 지방직 시행

1 **「물환경보전법」상 점오염원과 비점오염원에 대한 설명으로 옳은 것은?**

① 농지는 점오염원에 속한다.

② 도시, 도로, 산지는 점오염원에 속한다.

③ 폐수 배출시설의 관로는 비점오염원에 속한다.

④ 비점오염원은 불특정 장소에서 불특정하게 오염물질을 배출하는 오염원이다.

ADVICE ①② 도시, 도로, 농지, 산지, 공사장 등은 비점오염원에 속한다.

③ 폐수 배출시설은 점오염원에 속하고, 점오염원은 관로 등을 통하여 수질오염물질을 배출한다.

> 「물환경보전법」
> 제2조(정의) 이 법에서 사용하는 용어의 뜻은 다음과 같다.
> 1의2. 점오염원(點汚染源)이란 폐수배출시설, 하수발생시설, 축사 등으로서 관로·수로 등을 통하여 일정한 지점으로 수질오염물질을 배출하는 배출원을 말한다.
> 2. 비점오염원(非點汚染源)이란 도시, 도로, 농지, 산지, 공사장 등으로서 불특정 장소에서 불특정하게 수질오염물질을 배출하는 배출원을 말한다.

2 **호수에서 부영양화가 증가하는 원인이 아닌 것은?**

① 호수에 담긴 물의 체류 시간 감소

② 강우로 인한 영양염류의 유입 증가

③ 호수 주변에서 질소, 인의 유입 증가

④ 인간 활동에 의한 영양물질의 유입 증가

ADVICE 부영양화(富營養化, eutrophication) … 화학 비료나 오수의 유입 등으로 물에 인(P)과 질소(N)와 같은 영양분이 과잉 공급되어 식물의 급속한 성장 또는 소멸을 유발하고 조류가 과도하게 번식하게 하여 하천이나 호수 심층수의 산소를 빼앗아 용존산소량(DO)를 감소시켜 생물을 죽게 하는 현상을 말한다.

① 호수에 담긴 물의 체류 시간이 증가하는 경우 조류가 증식할 시간이 많아지므로 부영양화가 증가한다.

ANSWER 20.① / 1.④ 2.①

3 **공장폐수의 BOD_5 측정에 대한 설명으로 옳지 않은 것은?**

① 시료를 결정된 희석 배율로 희석한다.

② 측정을 위해 호기성 미생물을 식종한다.

③ 질소산화물의 산화로 소비된 DO를 측정한다.

④ 20°C에서 5일간 배양했을 때 소비된 DO를 측정한다.

ADVICE BOD(생물 화학적 산소 요구량) … 물 속의 호기성 미생물에 의해 유기물이 분해될 때 소모되는 산소의 양을 의미한다. 따라서 측정을 위해 호기성 미생물을 식종하여야 하며, 미생물의 유기물 분해를 촉진하기 위해 시료를 적절한 배율로 희석하여 측정하도록 표준 시험법에서 정하고 있다. BOD_5는 물 속의 호기성 미생물을 20℃에서 5일간 배양했을 때 소모된 산소의 양(DO)을 측정하여 구한다.

③ BOD_5를 측정할 때는 호기성 미생물이 탄소화합물을 분해하는 데에 따른 BOD만 측정하며, 질소화합물의 산화에 의한 오차를 줄이기 위해 미리 질소화합물을 산화시켜 오차를 줄인다. 따라서 질산화로 소비된 DO는 측정되지 않는다.

4 **폐기물 관리 시 폐기물 발생단계에서 최우선으로 고려해야 할 사항은?**

① 폐기물의 소각

② 안정적인 매립

③ 발생 억제 및 최소화

④ 연소 시 발생하는 폐열 및 에너지의 회수

ADVICE 폐기물을 관리하는 방법 중 가장 효율적이며 최우선으로 고려해야 할 사항은 폐기물 자체를 발생시키지 않거나 최소화하는 것이다.

폐기물 관리 방법 우선 순위

억제 및 최소화 → 재이용 → 재활용 → 에너지 회수 → 소각 → 매립

5 해양유류오염 발생 시 방제 조치로 옳지 않은 것은?

① 유출된 유류를 유흡착재로 회수하여 제거한다.

② 유처리제를 살포하여 유류를 분산시킨다.

③ 유류제거 선박을 이용하여 유류를 흡입 회수한다.

④ 깨끗한 심층수로 희석 확산시켜 유류의 농도를 낮춘다.

ADVICE ④ 기름은 물과 잘 섞이지 않으므로 심층수로 희석되지 않으며, 오히려 기름띠가 확산되어 유류오염을 가중시킬 위험이 있다.

※ 유류오염 발생 시 방제 조치

㉠ 유출 억제 및 최소화

㉡ 확산 방지 : 오일펜스, 또는 울타리 설치

㉢ 흡입 회수 : (유출량이 많을 경우) 방제선, 유회수기 사용

㉣ 흡착 회수 : (유출량이 적을 경우) 유흡착제, 흡수포 사용

㉤ 분산 및 분해 : (유출된 기름이 미량인 경우) 유화제, 유처리제 사용

㉥ 침강 : 응집제

6 수질오염물질 지표인 COD와 TOC에 대한 내용으로 옳지 않은 것은?

① TOC는 유기물질 내의 탄소량을 CO_2로 전환하여 측정한다.

② COD값이 작을수록 오염물질이 많아 수질이 나쁨을 의미한다.

③ COD는 수중 유기물을 강한 산화제로 산화시킨 후 측정된 산소요구량이다.

④ 2024년 현재, TOC가 물환경보전법령상의 배출허용기준 항목으로 적용되고 있다.

ADVICE ② COD 값이 클수록 산화된 유기 오염물질이 많아 수질이 나쁨을 의미한다.

① 총 유기탄소(TOC, Total Organic Carbon)는 수중에 존재하는 유기 물질 중 탄소의 양을 mg/L로 나타낸 것으로, 연소 – 적외선 분석법이 사용된다. 소량의 시료를 고온(900~950˚C)에서 연소시켜 발생한 이산화탄소량을 측정하고 이로부터 전체 탄소량을 구한다.

③ COD는 수중 유기물을 과망간산 칼륨($KMnO_4$), 중크롬산 칼륨($K_2Cr_2O_7$)과 같은 강한 산화제로 산화시킨 후 측정된 화학적 산소요구량이다.

④ 물환경보전법 제34조 및 같은 법 시행규칙 별표 13에 따르면 수질오염물질의 배출허용기준으로 2019년 12월 31일까지는 생물화학적산소요구량(BOD), 화학적산소요구량(COD), 부유물질량(SS)이 적용되었으나, 2020년 1월 1일부터는 화학적산소요구량(COD)이 총 유기탄소(TOC)로 변경되어 적용되고 있다. 따라서 2024년에는 TOC가 물환경보전법령상의 배출허용기준 항목으로 적용되고 있다.

ANSWER 3.③ 4.③ 5.④ 6.②

7 유기성 폐기물을 혐기성 소화 시 나오는 가스의 성분 중 에너지로 사용되는 것은?

① NO_2

② CH_4

③ HCHO

④ PAN

ADVICE 이산화질소(NO_2), 폼알데하이드(HCHO), PAN(Peroxy Acetyl Nitrate)는 모두 대표적인 대기 오염 물질로 알려져 있다.

※ 혐기성 소화 단계

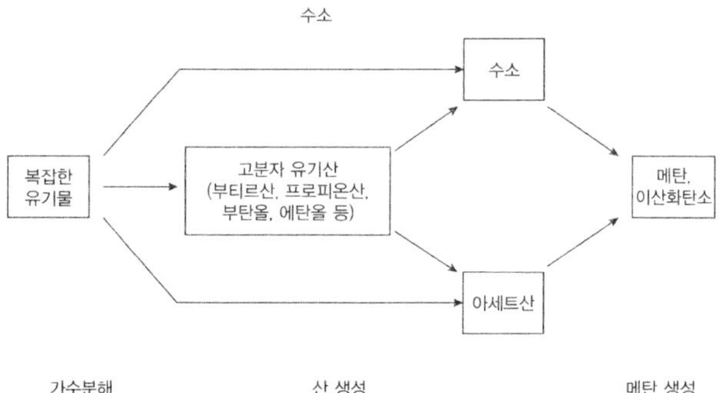

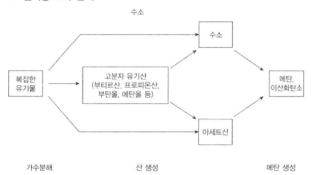

혐기성 소화는 유기물을 여러 미생물의 분해작용에 의해 메탄으로 분해하는 프로세스이며, 크게 고형의 유기물을 액상화하는 과정(가수분해), 저급 지방산을 생성하고 이들을 아세트산 및 수소 기체로 분해하는 과정(산 생성), 이들을 이용하여 메탄을 생성하는 과정(메탄 생성)으로 나누어진다. 각각의 반응과정에서 작용하는 미생물은 각기 다른 것으로 알려져 있으며, 실제로는 하나의 반응조 내에서 공생계를 만들어 연계된 메탄 발효를 진행한다. 이렇게 만들어진 메탄은 LNG의 주성분으로 좋은 에너지원이 될 수 있다.

8 **폐기물의 열분해에 대한 설명으로 옳지 않은 것은?**

① 다이옥신류의 발생량이 소각에 비해 많다.

② 열분해는 흡열반응이고 소각은 발열반응이다.

③ 열분해생성물 수율은 운전온도와 가열속도에 영향을 받는다.

④ 폐기물을 무산소 또는 저산소 상태에서 가열하여 연료를 생산한다.

ADVICE ① 다이옥신은 도시/산업폐기물 및 슬러지 소각에 따른 배출물이며, 상온에서 무색의 결정성 고체이다. 유기용매에는 잘 용해되지만, 물에는 잘 용해되지 않는 불용성이다. 다이옥신은 화학적으로 매우 안정된 화합물로서, 분해되기 어려워 섭취 시 생체 내에 축적되는 생물 농축의 문제가 있다. 폐기물을 소각할 경우, 열분해할 경우보다 다이옥신류의 발생량이 훨씬 많다.

※ 열분해와 소각 비교

	열분해	소각
산소 공급	무산소 또는 저산소(환원성 분위기)	유산소(산화성 분위기)
열 출입	흡열 반응	발열 반응
에너지 회수 방법	연료	폐열
생성 물질의 상태	고체, 액체, 기체	기체

9 **단위 시간당 진동속도의 변화량인 진동가속도 1Gal과 같은 값은?**

① $1cm/s^2$

② $1m/s^2$

③ $1mm/s^2$

④ $1dm/s^2$

ADVICE 단위 시간당 속도의 변화량을 의미하는 진동가속도의 단위 1Gal은 $1cm/s^2$과 같다.

ANSWER 7.② 8.① 9.①

10 방음 대책 중 소음의 전파 · 전달 경로 대책으로 옳지 않은 것은?

① 음원을 제거한다.

② 음의 방향을 변경한다.

③ 발생원과의 거리를 멀리한다.

④ 방음벽을 설치하여 소리를 흡수한다.

ADVICE ① 음원을 제거하는 것은 소음이나 진동이 발생하는 곳에서 취할 수 있는 소음원 대책에 속한다.

② 음의 방향을 변경하는 것은 소음으로 인한 영향 및 피해자가 가장 적은 쪽으로 지향성을 전환하는 전파/전달경로 대책에 속한다.

③ 발생원과의 거리를 멀리하는 것은 소음원과 수음자 사이의 거리감쇠를 증가시키는 전파/전달경로 대책에 속한다.

④ 방음벽을 설치하여 소리를 흡수하는 것 또한 소음이 전달되는 과정에서 소음을 일부 차단하고 흡수하는 것이므로 전파/전달경로 대책에 속한다.

※ 소음 방지대책

㉠ 소음원 대책 : 소음이나 진동이 발생하는 곳에서 취할 수 있는 대책
- 소음 원인 제거
- 저소음 제품 구매 대체
- 기진력 저감(충격력 저감, 밸런싱, 윤활, 지지구조, 동흡진기 사용)
- 반응진폭 저감(구조부재의 감쇠력 증가, 고유진동수 튜닝)
- 음향방사 저감(판넬 두께 조절, 음향방사 효율 저감)
- 운전 스케줄 변경(고소음 장비 동시 운전 회피, 야간 운전 회피)

㉡ 전파/전달경로 대책 : 소음이나 진동이 전파되는 경로에서 취할 수 있는 대책
- 소음원 위치 변경(소음원-수음자 거리감쇠 증가)
- 소음원 지향성 전환(소음이 전파되는 방향 변화)
- 차음벽(방음벽), 차음상자, 흡음재 설치
- 소음기, 덕트 내 흡차음재, 공명기, ANC 설치
- 임피던스 부정합부 설치(에너지 반사 유도)
- 장비의 탄성지지를 통한 구조물 전달 감소

㉢ 수음자 대책 : 소음이나 진동을 느끼는 곳에서 취할 수 있는 대책
- 이중창 설치, 흡음재 시방 등 건물의 차음성 증대
- 귀마개 등 청력 보호장비 착용
- 교대근무 등으로 소음 노출시간 조절(소음원에서 일하는 노동자)
- 정기적으로 청력검사 실시(소음원에서 일하는 노동자)

11 물의 경도(hardness)에 대한 설명으로 옳지 않은 것은?

① 경도가 큰 물은 물때(scale)를 생성하여 온수 파이프를 막을 수 있다.

② 경도가 50mg/L as $CaCO_3$ 이하인 물을 경수라 한다.

③ Ca^{2+}와 Mg^{2+} 등의 농도 합으로 구한다.

④ 알칼리도가 총경도보다 작을 때 탄산경도는 알칼리도와 같다.

ADVICE ② 경도가 50mg/L as $CaCO_3$ 이하인 물은 연수이다. 통상적으로 경도가 75 mg/L as $CaCO_3$ 이상인 물을 경수라고 분류한다. 다음은 $CaCO_3$ 환산농도에 따른 물의 분류이다.

mg/L as $CaCO_3$	수질 경도
0~75	단물 또는 연수 (soft)
75~150	약한 센물 또는 적당한 경수 (moderately hard)
150~300	센물 또는 경수 (hard)
300 이상	대단히 센물 또는 강한 경수 (Very hard)

① 비탄산경도(영구경도)가 큰 물은 배관 내 물때(scale)를 생성하여 배관 구경을 감소시키고 심하면 온수 파이프를 막을 수 있다. 또한 열전도율을 감소시키는 문제점도 있다.

③ 물의 경도는 Ca^{2+}와 Mg^{2+} 등 2가 중금속 이온 농도의 합으로 구한다.

④ 경도 유발물질은 간단하게 끓임으로써 제거가 가능한 탄산경도(일시경도)와 그 밖에 끓여서는 제거할 수 없는 경도인 비탄산경도(영구경도)로 나뉜다. 총경도는 탄산경도와 비탄산경도의 합으로 정의된다. 알칼리도 유발 물질은 탄산경도를 유발하는 물질을 모두 포함하며, 따라서 알칼리도가 총경도보다 작을 때 탄산경도는 알칼리도와 같다. 반대로 총경도가 알칼리도보다 작은 경우에는 비탄산경도가 0이 되며, 따라서 총경도와 탄산경도가 같으며, 알칼리도는 탄산경보다 더 크게 나타난다. 이를 표로 정리하면 다음과 같다.

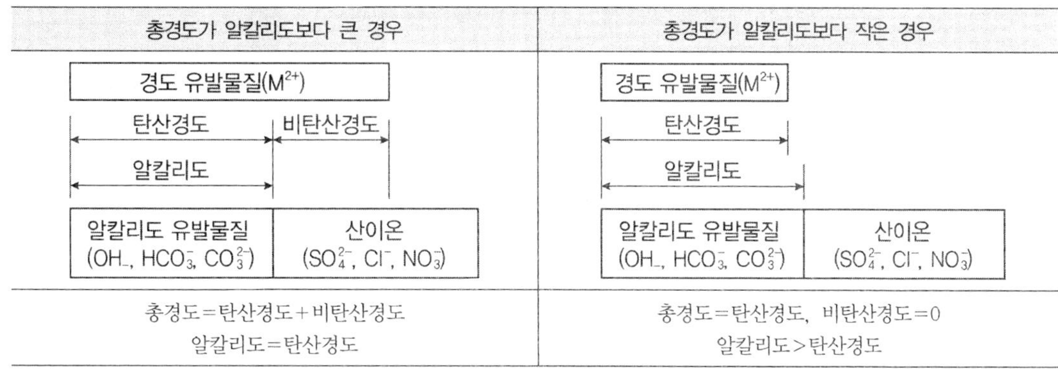

총경도가 알칼리도보다 큰 경우	총경도가 알칼리도보다 작은 경우
총경도=탄산경도+비탄산경도 알칼리도=탄산경도	총경도=탄산경도, 비탄산경도=0 알칼리도>탄산경도

ANSWER 10.① 11.③

12 탄소중립 사회로의 이행에 대한 설명으로 옳지 않은 것은?

① 배출되는 온실가스를 흡수, 제거한다.

② 재생에너지인 천연가스 보급률을 높인다.

③ 탄소 순배출량을 0으로 하는 것이 목표이다.

④ 수력, 태양에너지를 이용해 탄소 배출량을 줄일 수 있다.

ADVICE ② 신에너지 및 재생에너지 개발 · 이용 · 보급 촉진법 제2조에 따르면 신에너지와 재생에너지 모두 석유 · 석탄 · 원자력 또는 천연가스가 아닌 에너지로 정의된다. 따라서 천연가스는 재생에너지가 아니다.

① 탄소 순배출량을 줄이기 위해서는 온실가스 배출량을 줄이거나 이미 대기 중에 존재하는 온실가스를 흡수, 제거하는 것이 필요하다.

③ "기후위기 대응을 위한 탄소중립 · 녹색성장 기본" 제2조제4호에 따르면 "탄소중립"이란 대기 중에 배출 · 방출 또는 누출되는 온실가스의 양에서 온실가스 흡수의 양을 상쇄한 순배출량이 영(零)이 되는 상태를 말한다. 따라서 탄소 순배출량을 0으로 하는 것이 목표라는 선지는 맞는 설명이다.

④ 수소에너지, 연료전지, 석탄을 액화 · 가스화한 에너지 및 중질잔사유(重質殘渣油)를 가스화한 에너지 등의 신에너지와 태양에너지, 풍력, 수력, 해양에너지, 지열에너지, 생물자원을 변환시켜 이용하는 바이오에너지, 폐기물에너지와 같은 재생 에너지를 이용해 탄소 배출량을 줄일 수 있다. 따라서 "수력, 태양에너지를 이용해 탄소 배출량을 줄일 수 있다."는 선지는 맞는 설명이다.

※ 「신에너지 및 재생에너지 개발 · 이용 · 보급 촉진법」

제2조(정의) 이 법에서 사용하는 용어의 뜻은 다음과 같다.

1. "신에너지"란 기존의 화석연료를 변환시켜 이용하거나 수소 · 산소 등의 화학 반응을 통하여 전기 또는 열을 이용하는 에너지로서 다음 각 목의 어느 하나에 해당하는 것을 말한다.

가. 수소에너지

나. 연료전지

다. 석탄을 액화 · 가스화한 에너지 및 중질잔사유(重質殘渣油)를 가스화한 에너지로서 대통령령으로 정하는 기준 및 범위에 해당하는 에너지

라. 그 밖에 석유 · 석탄 · 원자력 또는 천연가스가 아닌 에너지로서 대통령령으로 정하는 에너지

2. "재생에너지"란 햇빛 · 물 · 지열(地熱) · 강수(降水) · 생물유기체 등을 포함하는 재생 가능한 에너지를 변환시켜 이용하는 에너지로서 다음 각 목의 어느 하나에 해당하는 것을 말한다.

가. 태양에너지

나. 풍력

다. 수력

라. 해양에너지

마. 지열에너지

바. 생물자원을 변환시켜 이용하는 바이오에너지로서 대통령령으로 정하는 기준 및 범위에 해당하는 에너지

사. 폐기물에너지(비재생폐기물로부터 생산된 것은 제외한다)로서 대통령령으로 정하는 기준 및 범위에 해당하는 에너지

아. 그 밖에 석유 · 석탄 · 원자력 또는 천연가스가 아닌 에너지로서 대통령령으로 정하는 에너지

13 황 함유 화석연료의 완전연소 시 주로 발생하는 1차 오염물질로서 황화합물에 해당하는 물질은?

① SO_2

② H_2S

③ CH_3SH

④ $(NH_4)_2SO_4$

ADVICE 황(S)이 완전연소하면 나오는 물질은 이산화황(SO_2)이다. 참고로 탄소(C)가 완전연소하면 이산화탄소(CO_2)가, 수소(H)가 완전연소하면 물(H_2O)이 생성된다.

14 수소 분자가 10wt%, 수분이 15wt% 함유된 도시 폐기물의 고위발열량이 3600kcal/kg일 때, Dulong식을 사용하여 계산한 저위발열량[kcal/kg]은? (단, 온도는 일정하고, 물의 증발열은 600kcal/kg이다)

① 2730

② 2850

③ 2970

④ 3150

ADVICE 문제에서 제시된 고위발열량(H_h)과 수소/수분 함량을 Dulong식에 대입하여 저위발열량(H_L)을 구하는 문제이다. 연료 중 성분 함량은 질량 기준이며, % 단위가 아닌 비율이므로 0과 1 사이의 값임에 유의한다.

$H_L = H_h - 600(9H + W) = 3600 - 600(9 \times 0.10 + 0.15) = 2970[kcal/kg]$

※ 고체/액체 연료의 고위발열량(H_h) 및 저위발열량(H_L) 계산

㉠ 고위발열량(H_h) : C, H, S, O의 함량이 제시된 경우

$$H_h[kcal/kg] = 8100C + 34000\left(H - \frac{O}{8}\right) + 2500S$$

㉡ 저위발열량(H_L): 고위발열량(H_h)과 수소/수분 함량이 제시된 경우

$H_L = H_h - 600(9H + W)$ ← Dulong 식

- 연료 중 성분(C : 탄소, H : 수소, O : 산소, S : 황, W : 수분)의 함량

ANSWER 12.② 13.① 14.③

15 에틸렌 1mol이 완전연소될 경우, 부피 기준 공연비(AFR)는? (단, 모든 기체는 이상기체 상태이며, 온도와 압력은 일정하고 공기 중 산소의 부피비는 0.21이다)

① 3.0

② 9.5

③ 1.4 × 10

④ 2.4 × 10

ADVICE 공기연료비 또는 공연비(AFR, Air Fuel Raito)란, 연료의 연소 시 공기와 연료의 비율을 나타내는 수치로 공기와 연료의 이상적인 화학적 필요량으로 질량비와 부피비를 기준으로 한다. 최적의 공연비보다 공기주입량이 낮아지면 NOx는 감소, 일산화탄소와 탄화수소가 증가한다. 최적의 공연비보다 공기 주입량이 증가하면 산소량 급격히 증가하는데, 이때 과잉 공기 주입으로 인한 열 손실과 연료 손실이 발생한다. 일산화탄소와 탄화수소는 불완전연소 시에 배출율이 높고, NOx는 이론 AFR(최적 공연비) 부근에서 농도가 높게 나타나는 경향이 있다.

※ 공연비 계산법

㉠ 질량 기준 AFR (중량 기준, 무게 기준, 중량비 등)

$$\text{질량기준 } AFR(W/W) = \frac{\text{산소 몰수} mol\ O_2 \times \dfrac{32kg\ O_2}{1mol\ O_2} \times \dfrac{1kg\ Air}{0.232\ kgO_2}}{\text{연료 몰수} mol \times \dfrac{\text{연료의 분자량 } kg}{\text{연료 } 1mol}}$$

㉡ 질량 기준 AFR에서 0.232를 나눠주는(1/0.232를 곱해주는) 이유는 공기 중 산소의 질량비가 0.232이므로 산소를 산소의 공기에 대한 질량비로 나눠줌으로써 공기 질량으로 만들어주기 위함이다.

㉢ 부피 기준 AFR (체적 기준 등)

$$\text{부피기준}(Sm^3/Sm^3) = \frac{\text{산소 몰수} mol\ O_2 \times \dfrac{22.4Sm^3\ O_2}{1mol\ O_2} \times \dfrac{1Sm^3\ Air}{0.21\ Sm^3\ O_2}}{\text{연료 몰수} mol \times \dfrac{22.4Sm^3\ \text{연료}}{\text{연료} 1mol}}$$

㉣ 부피 기준 AFR에서 0.21을 나눠주는 (1/0.21을 곱해주는) 이유는 공기 중 산소의 부피비가 0.21이므로 산소를 산소의 공기에 대한 부피비로 나눠줌으로써 공기 부피로 만들어주기 위함이다.

㉤ 에틸렌의 연소 반응식 $C_2H_4 + 3O_2 \rightarrow 2CO_2 + 2H_2O$에서 연료와 산소의 몰수 비는 1:3이다. 따라서 위에서 언급한 부피 기준 AFR 공식에 넣고 계산하면 다음과 같다.

$$(\text{부피 기준 AFR}) = \frac{3 \times 22.4Sm^3 \times \dfrac{1}{0.21Sm^3}}{1 \times 22.4Sm^3} = 14$$

16 토양증기추출법(Soil Vapor Extraction, SVE)의 장점이 아닌 것은?

① 통기대 깊이에서 유용하다.

② 오염된 본래의 장소에서 현장처리가 가능하다.

③ 제거되는 물질 일부는 활성탄으로 흡착할 수 있다.

④ 휘발성이 낮은 물질의 제거 효율이 높다.

ADVICE 토양증기추출법(SVE : Soil Vapor Extraction)이란, 토양 지하수 상부에 있는 불포화 토양층(Vodose zone)이 유기물질에 오염되었을 때 in-situ로 처리하는 공법이다. 불포화 대수층 위에 추출정을 설치하여 강제 진공 흡입을 통해 토양으로부터 휘발성/준휘발성 오염 증기를 강제로 제거하는 물리화학적 기술이다. 이 공법의 특징은 추출된 오염물질의 재처리가 필요하지만 다른 기술들을 병행해서 사용할 수 있다는 장점이 있다. 다만, 오염 증기를 강제로 추출해야 하므로 토양의 통기성이 좋아야 한다.

장점	단점
• 가격이 싸고 관리비용이 저렴하다. • 단기간 내에 설치 가능하다. • 처리시간이 짧으므로 즉시 복원효율을 기대할 수 있다. • 다른 시약이 필요 없다. • 영구적 재생이 가능하다. • 생물학적 처리효율을 높여 다른 기술과 병행할 수 있도록 하는 역할도 가능하다.	• 증기압이 낮은 물질은 제거 효율이 낮다. • 투과성이 낮은 토양에서는 효과가 낮다. • 추출된 증기의 재처리가 필요하다. • 불포화 대수층에만 적용 가능하다. • 지반구조가 복잡하면 예측이 힘들다.

① 통기대란 지표면 아래층 가운데 토양 또는 사력층의 공극이 물로 완전히 채워지지 않고 공기를 포함하고 있는 부분으로, 지표로부터 지하수면(ground-water table)까지의 부분을 말한다. 오염 증기를 휘발시키기 위해서는 토양 사이의 공극이 있는 것이 유리하므로 통기대 깊이에서 유용하다.

② 오염된 증기를 흡입하여 오염된 본래의 장소에서 현장 처리가 가능하다.

③ 오염물질을 재처리하는 방법 중 제거되는 물질 중 활성탄에 잘 흡착되는 물질은 흡착 제거가 가능하다.

④ 앞서 설명한 바와 같이 휘발성이 높은 물질의 제거 효율이 높다.

ANSWER 15.③ 16.④

17 「환경정책기본법 시행령」상 '수질 및 수생태계'에 대한 하천의 생활환경 기준에서 '좋음' 등급의 기준으로 옳지 않은 것은?

① 총유기탄소량(TOC) : 3mg/L 이하
② 용존산소(DO) : 5.0mg/L 이하
③ 총인(total phosphorus) : 0.04mg/L 이하
④ 총대장균군 : 500군수/100mL 이하

ADVICE ② 용존산소(DO) : 5.0mg/L 이하 → 이상

※ 환경정책기본법 시행령 [별표 1] 환경기준

수질 및 수생태계 – 하천 – 생활환경 기준

등급		상태 (캐릭터)	기준								
			수소이온 농도(pH)	생물 화학적 산소 요구량 (BOD) (mg/L)	화학적 산소 요구량 (COD) (mg/L)	총유기 탄소량 (TOC) (mg/L)	부유 물질량 (SS) (mg/L)	용존 산소량 (DO) (mg/L)	총인 (total phosphorus) (mg/L)	대장균군 (군수/100mL)	
										총 대장균군	분원성 대장균군
매우 좋음	Ia		6.5~8.5	1 이하	2 이하	2 이하	25 이하	7.5 이상	0.02 이하	50 이하	10 이하
좋음	Ib		6.5~8.5	2 이하	4 이하	3 이하	25 이하	5.0 이상	0.04 이하	500 이하	100 이하
약간 좋음	II		6.5~8.5	3 이하	5 이하	4 이하	25 이하	5.0 이상	0.1 이하	1,000 이하	200 이하
보통	III		6.5~8.5	5 이하	7 이하	5 이하	25 이하	5.0 이상	0.2 이하	5,000 이하	1,000 이하
약간 나쁨	IV		6.0~8.5	8 이하	9 이하	6 이하	100 이하	2.0 이상	0.3 이하		
나쁨	V		6.0~8.5	10 이하	11 이하	8 이하	쓰레기 등이 떠 있지 않을 것	2.0 이상	0.5 이하		
매우 나쁨	VI			10 초과	11 초과	8 초과		2.0 미만	0.5 초과		

18 다음 중 오존파괴지수(Ozone Depletion Potential, ODP)가 가장 큰 물질은?

① CFC−11

② CFC−113

③ CCl_4

④ Halon−1301

ADVICE ① CFC−11 : 1.0

② CFC−113 : 0.8

③ CCl_4(Carbon tetrachloride) : 1.1

④ Halon−1301 : 10.0

※ 주요 물질의 ODP (오존파괴지수 : Ozone Depletion Potential)

화학물질	수명(Years)	오존파괴능력(ODP)	주요용도
CFC−11	60	1.0	발포제, 냉장고, 에어콘
CFC−12	120	1.0	발포제, 냉장고, 에어콘
CFC−113	90	0.8	전자제품 세정제
CFC−114	200	1.0	발포제, 냉장고, 에어콘
CFC−115	400	0.6	발포제, 냉장고
Halon 1301	110	10.0	소화기
Halon 1211	25	3.0	소화기
Halon 2402	28	6.0	소화기
Carbon tetrachloride	50	1.1	살충제, 약제
Methyl chloroform	6.3	0.15	절착제

ANSWER 17.② 18.④

19 공기희석관능법에 의한 복합악취의 악취판정에 대한 설명으로 옳은 것은?

① 악취강도별 기준용액은 n-발레르산(n-valeric acid)을 사용하여 제조한다.

② 악취강도 1은 감지 냄새(threshold)로서 무슨 냄새인지 알 수 있는 정도이다.

③ 악취강도 4는 극심한 냄새(very strong)로서 병원에서 크레졸 냄새를 맡는 정도이다.

④ 악취강도 5는 참기 어려운 냄새(over strong)로서 호흡이 정지될 것 같이 느껴지는 정도이다.

ADVICE ① 악취강도별 기준용액은 n-뷰탄올(n-butanol, 순도 최소 99.5% 이상)을 사용하여 제조한다. 이를 위하여 n-뷰탄올을 정제수로 악취강도에 따라 달리 희석하여 제조하며, 이때 사용하는 용기는 갈색병의 용량플라스크를 사용한다.

② 악취강도 1은 감지 냄새(threshold)로서 무슨 냄새인지 알 수 없으나 냄새를 느낄 수 있는 정도이다. 무슨 냄새인지 알 수 있는 정도는 악취강도 2의 보통 냄새(moderate)이다.

③ 악취강도 4는 극심한 냄새(very strong)로서 여름철에 재래식 화장실에서 나는 심한 정도이다. 병원에서 크레졸 냄새를 맡는 정도는 악취강도 3의 강한 냄새(strong)이다.

※ 악취 판정도

악취강도	악취도 구분	설명	노말뷰탄올 농도(ppm)
0	무취(none)	상대적인 무추로 평상시 후각으로 아무것도 감지하지 못하는 상태	0
1	감지냄새(threshold)	무슨 냄새인지 알 수 없으나 냄새를 느낄 수 있는 정도의 상태	100
2	보통냄새(Moderate)	무슨 냄새 인지 알 수 있는 정도의 상태	400
3	강한냄새(Strong)	쉽게 감지할 수 있는 정도의 강한 냄새를 말하며 예를 들어 병원에서 크레졸 냄새를 맡는 정도의 냄새	1,500
4	극심한 냄새 (Very Strong)	아주 강한 냄새, 예를 들어 여름철에 재래식화장실에서 나는 심한 정도의 상태	7,000
5	참기 어려운 냄새 (Over Strong)	견디기 어려운 강렬한 냄새로서 호흡이 정지될 것 같이 느껴지는 정도의 상태	30,000

20 환경오염도 조사에 적용되는 방법 중 산화－환원 반응을 이용하지 않은 것은?

① 유리막 전극전위에 의한 pH 측정

② 중화 적정법에 의한 알칼리도 측정

③ 과망간산칼륨법에 의한 화학적 산소요구량 측정

④ Winkler 아지드화나트륨변법에 의한 용존산소 측정

ADVICE ② 산－염기 중화반응, 이온 간 결합에 따른 앙금 생성 반응 등은 산화－환원 반응이 아니다. 따라서 중화 적정법에 의한 알칼리도 측정은 산화－환원 반응을 이용한 것이 아니다.

① 유리막 전극을 사용하는 pH 미터는 유리막 내부에 충전된 일정한 pH를 유지하는 완충용액과 측정하고자 하는 외부 용액의 산화－환원 전위차를 이용하여 측정한다.

③ 과망간산칼륨법에 의한 화학적 산소요구량 측정 : 시료를 황산 산성으로 하여 과망간산칼륨 과량을 넣고 30분간 수욕 상에서 가열하여 산화－환원 반응을 일으킨 후 소비된 과망간산칼륨량으로부터 이에 상당하는 산소의 양을 측정하는 방법이다.

④ Winkler 아지드화나트륨변법에 의한 용존산소 측정 : 황산망간과 알칼리성 아이오딘화칼륨 용액을 넣을 때 생기는 수산화제일망간이 시료중의 용존산소에 의하여 산화되어 수산화제이망간이 되고, 황산 산성에서 용존산소량에 대응하는 아이오딘을 유리한다. 유리된 아이오딘을 티오황산나트륨으로 적정하여 용존산소의 양을 정량하는 방법이다.

ANSWER 19.④ 20.②

환경공학개론 기준 법령

- 대기환경보전법 : [시행 2024. 7. 24.] [법률 제20114호, 2024. 1. 23., 일부개정]
- 대기환경보전법 시행령 : [시행 2024. 2. 17.] [대통령령 제34191호, 2024. 2. 6., 일부개정]
- 대기환경보전법 시행규칙 : [시행 2025. 1. 1.] [환경부령 제1092호, 2024. 5. 13., 일부개정]
- 소음 · 진동관리법 : [시행 2024. 6. 14.] [법률 제19468호, 2023. 6. 13., 일부개정]
- 소음 · 진동관리법 시행규칙 : [시행 2024. 6. 14.] [환경부령 제1097호, 2024. 6. 13., 일부개정]
- 수도법 : [시행 2024. 8. 17.] [법률 제19662호, 2023. 8. 16., 일부개정]
- 수도법 시행규칙 : [시행 2024. 1. 1.] [환경부령 제1052호, 2023. 8. 28., 일부개정]
- 실내공기질 관리법(약칭 : 실내공기질법) : [시행 2024. 3. 15.] [법률 제19720호, 2023. 9. 14., 일부개정]
- 실내공기질 관리법 시행령(약칭 : 실내공기질법 시행령) : [시행 2024. 3. 15.] [대통령령 제34290호, 2024. 3. 5., 일부개정]
- 실내공기질 관리법 시행규칙(약칭 : 실내공기질법 시행규칙) : [시행 2024. 3. 15.] [환경부령 제1082호, 2024. 3. 11., 일부개정]
- 자원의 절약과 재활용촉진에 관한 법률(약칭 : 자원재활용법) : [시행 2024. 7. 10.] [법률 제19963호, 2024. 1. 9., 일부개정]
- 자원의 절약과 재활용촉진에 관한 법률 시행령(약칭 : 자원재활용법 시행령) : [시행 2024. 7. 1.] [대통령령 제34545호, 2024. 6. 4., 일부개정]
- 자원의 절약과 재활용촉진에 관한 법률 시행규칙(약칭 : 자원재활용법 시행규칙) : [시행 2024. 4. 11.] [환경부령 제1087호, 2024. 4. 11., 일부개정]
- 지하수법 시행규칙 : [시행 2024. 6. 24.] [환경부령 제1099호, 2024. 6. 24., 일부개정]
- 폐기물관리법 : [시행 2024. 12. 28.] [법률 제19126호, 2022. 12. 27., 일부개정]
- 폐기물관리법 시행규칙 : [시행 2024. 12. 31.] [환경부령 제1006호, 2022. 11. 29., 일부개정]

환경공학개론 기준 규칙

- 「수질오염공정시험기준 : [시행 2023. 12. 14.] [국립환경과학원고시 제2023-72호, 2023. 12. 14., 일부개정]

서원각 용어사전 시리즈

상식은 "용어사전"

용어사전으로 중요한 용어만 한눈에 보자

1. 시사용어사전 1200
   매일 접하는 각종 기사와 정보 속에서 현대인이 놓치기 쉬운, 그러나 꼭 알아야 할 최신 시사상식을 쏙쏙 뽑아 이해하기 쉽도록 정리했다!

2. 경제용어사전 1030
   주요 경제용어는 거의 다 실었다! 경제가 쉬워지는 책, 경제용어사전!

3. 부동산용어사전 1300
   부동산에 대한 이해를 높이고 부동산의 개발과 활용, 투자 및 부동산 용어 학습에도 적극적으로 이용할 수 있는 부동산용어사전!

중요한 용어만 공부하자!

- 최신 관련 기사 수록
- 다양한 용어를 수록하여 1000개 이상의 용어 한눈에 파악
- 용어별 중요도 표시 및 꼼꼼한 용어 설명
- 파트별 TEST를 통해 실력점검

자격증

한번에 따기 위한 서원각 교재

한 권에 준비하기 시리즈 / 기출문제 정복하기 시리즈를 통해 자격증 준비하자!